今日から
モノ知り
シリーズ

トコトンやさしい

イオン交換の本

固体中のイオンと溶液中のイオンが置き換わるイオン交換は、環境関連技術、エネルギー分野、超純水製造、食品・医薬品製造など幅広い分野で活用され、この技術で日本は世界をリードしています。

岡田哲男・早下隆士　編著

H+
Cl-
Na+
ClO4-
OH-
NO3-
Zn2+
Ca2+
SO4 2-

B&Tブックス
日刊工業新聞社

はじめに

自然界にある物質は、基本的に電荷が中和された状態で存在しています。もし正の電荷をもつ物質があれば、その正の電荷に見合う負の電荷をもった物質が対となって存在します。このことを電気的中性条件と言います。たとえば、物質が正の電荷をもった物質を取り込もうとすると、電気的中性条件を保つために自分が持っていた正の電荷の物質を放出しなければなりません。このような反応をイオン交換と言います。このイオン交換は、自然界のあらゆる所で起きている現象です。本書は、このイオン交換の様々な事例を、〝とことん〟わかりやすく解説することを目的にしました。

２０１１年3月11日に起こった東日本大震災は、皆さんの記憶に新しいことと思います。とりわけ福島第一原発事故は、セシウム１３７やストロンチウム90などの放射性物質を自然界に放出するという大変な問題を起こしてしまいました。実は、福島原発事故で課題になっている放射能汚染水の処理にも、この本で取り扱うイオン交換の技術が使われています。むしろイオン交換の技術なしには放射性物質の処理は成り立たないと言っても過言ではありません。自然界に放出された放射性物質をいかに回収するかは、私たちに与えられた大きな課題ですが、子供たちが安心して暮らせる安全な環境を確保するためにも、イオン交換の技術が欠かせないのです。

本書は、イオン交換に関する基礎的な話から、最先端の応用技術まで、この1冊を読めば、イオン交換の全てが理解できるように全体の章を構成しています。編著者の2人は、日本イオン交換学会に所属し、大学、官公庁および企業の関係者とともにイオン交換に関する研究に関わってきました。この学会には、イオン交換に関係するあらゆる分野の専門家が会員となっています。この会員の皆さんを中心に、イオン交換をわかりやすく解説していただきました。ぜひ本書を通して皆さんの身近なところでも様々なイオン交換の技術が使われていることを理解していただければ、編著者として大変嬉しく思います。

各執筆者、とりわけ本書をまとめるきっかけを頂いた神崎愷氏（日本イオン交換学会・前会長）に、心から感謝申し上げます。最後に、本書の完成に向けて有益なご助言を頂いた日刊工業新聞社の森山郁也様、ならびに関係者の皆様にも大変お世話になりました。心よりお礼申し上げます。

平成25年6月吉日

東京工業大学　岡田　哲男
上智大学　早下　隆士

トコトンやさしい

イオン交換の本

目次

目次 CONTENTS

第1章 イオン交換はどんな技術だろう

第2章 イオン交換体で「水」を作る

第3章 イオン交換と生活

第4章
産業の最先端を支えるイオン交換

第5章
イオン交換と先端分離・計測

第6章 イオン交換とエネルギー

第7章 環境を守るイオン交換

第1章

イオン交換はどんな技術だろう

H+
Cl-
Na+
ClO4-
OH-
NO3-
Zn2+
Ca2+
SO42-

1 イオン交換って何だろう？

環境にやさしい技術のお手本

「イオン交換」という言葉は一般にはあまりなじみがありません。しかし、「超純水」なら誰でもイメージが湧いてくるでしょう。小柴昌俊先生がノーベル賞を受賞されたニュートリノ研究を支えた基礎技術として超純水技術も見逃せません。スーパーカミオカンデでは5万トンもの水がイオン交換樹脂を用いて常に超純水状態で維持されています。

イオン交換反応は、溶液中のイオンとイオン交換体内のイオンが交換するだけの何の変哲もない反応です。例えば、食塩水（NaCl）を陽イオン交換樹脂に通すとNa^+は樹脂中のH^+と交換し、H^+が水に溶け出します。陰イオン交換樹脂に通せばCl^-は樹脂中のOH^-と交換してOH^-が溶け出すので、両イオン交換樹脂を混合してそこに通せばNaClは樹脂に取り込まれ、純水が取り出せます。

イオン交換反応は、トンプソンがアンモニウムイオン（NH_4^+）を土に通したところ、Ca^{2+}が出てきた発見が始まりです。その後、研究が進み、効率が非常に高いイオン交換樹脂が開発され、産業界の表舞台に登場してきました。

イオン交換反応の特徴は、化学結合には変化がなく単純なイオンの置き換わりだけの反応なのでエネルギー変化が小さいにもかかわらず選択性は非常に大きいことです。数kJのエネルギー変化で特定イオンを50～100倍も濃縮できます。海水や温泉水からリチウムイオン電池の原料である微量のLi^+や、また海水にわずか0・003ppmしかないウラン（UO_2^{2+}）も取り出せます。さらにエネルギー変化が極めて小さい同位体の分離さえ可能になっています。

イオン交換反応は、都市鉱山からレアメタルを回収する技術としても注目されています。福島原発事故で降り注いだセシウムイオンの除染では、ゼオライトや粘土鉱物などのイオン交換体が主役です。このように環境に優しい未来技術として期待されています。

要点BOX

- ●イオン交換の始まりは「土」、セシウム除染も土
- ●数kJのエネルギー差で50～100倍濃縮
- ●日本の超純水技術は日本一

イオン交換反応は固体の中のイオンと溶液の中のイオンが入れ替わる(交換する)反応

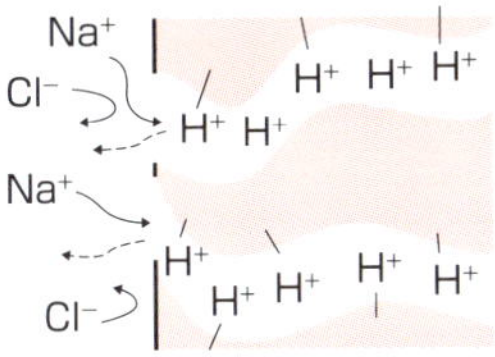
Na+
Cl−
H+ H+ H+
H+ H+
Na+
H+
H+ H+ H+ H+
Cl−

陽イオン交換樹脂

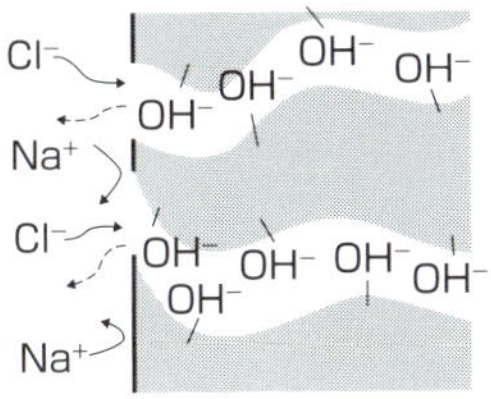
Cl−
OH− OH− OH− OH−
Na+
Cl−
OH− OH− OH− OH−
OH−
Na+

陰イオン交換樹脂

食塩水(NaCl)から純水を作る

H^+ 形陽イオン交換樹脂と
OH^-形陰イオン交換樹脂を混ぜ、
そこにNaCl溶液を通す。

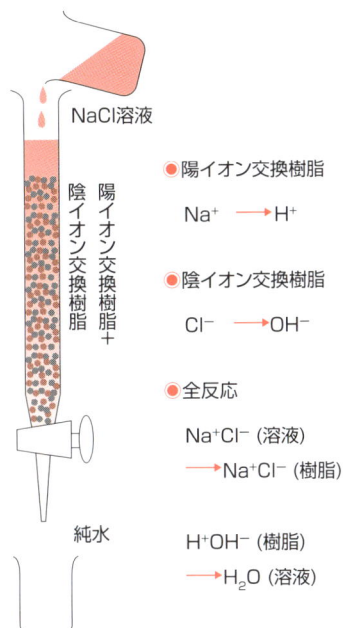

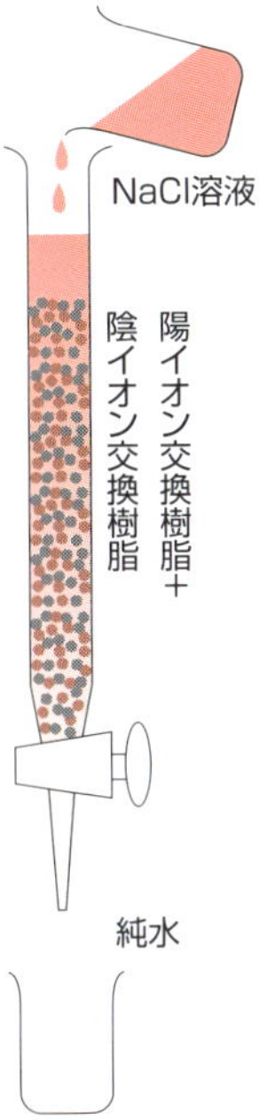
NaCl溶液
陽イオン交換樹脂＋陰イオン交換樹脂
純水

●陽イオン交換樹脂

$Na^+ \rightarrow H^+$

●陰イオン交換樹脂

$Cl^- \rightarrow OH^-$

●全反応

Na^+Cl^- (溶液)
$\rightarrow Na^+Cl^-$ (樹脂)

H^+OH^- (樹脂)
$\rightarrow H_2O$ (溶液)

エネルギー損失は少ないが選択性は高い(数倍から数桁)→環境にやさしい技術

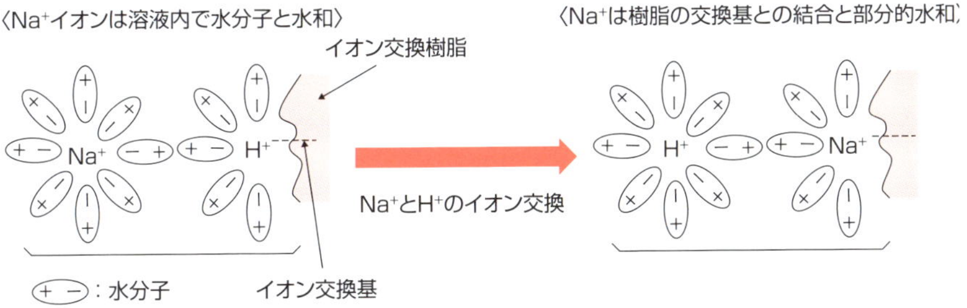
〈Na+イオンは溶液内で水分子と水和〉
イオン交換樹脂
Na+
H+
Na+とH+のイオン交換
〈Na+は樹脂の交換基との結合と部分的水和〉
H+
Na+
：水分子
イオン交換基

「水分子とイオン」、「樹脂の交換基とイオン」の結合のエネルギーは弱く、Na^+とH^+との違いは小さい。
一方、濃度変化によるエネルギー差も小さく、イオン交換に基づく小さなエネルギー変化は大きな濃度差をもたらす。

※化学結合のエネルギー：数百kJ、濃度変化のエネルギー：数kJ、同位体交換のエネルギー：数十J
このためイオン交換ではエネルギー変化が極めて小さい同位体交換も実用化されている。

2 イオン交換の歴史

イオン交換はどのように使われてきたか

イオン交換は、1845年にイギリスの農学者Thompsonが、土壌に肥料溶液をかけると、その溶液中のアンモニアが土壌に吸収される現象を知り、化学者の協力を得て、アンモニアが肥料溶液から除去されるのと同時に当量のカルシウムが土壌から溶液に出てくることを発見したのがルーツと言われています。

この塩基交換反応に関しては、その後、広範な研究が行われ、1852年に、土壌の塩基交換反応は少量のゼオライトの存在に基づくものと結論付けられました。1858年にはドイツの化学者がゼオライトの塩基交換反応は可逆的であることを証明しました。その後、1905年に、ゼオライトが硬水軟化に使用できることをドイツのGansが発見し、イオン交換反応の実用化の道が開かれました。

1930年には石炭をスルホン化することにより陽イオン交換体が得られることが発見され、合成イオン交換樹脂の研究が始まりました。次いで1935年にイギリスのAdams、Holmesらがカチオン交換能やアニオン交換能を持つ縮合樹脂を発見しました。これが有機合成イオン交換樹脂の始まりと言われています。

その後、1938年にドイツで初めて商品化され、続いて1940年にアメリカで商品化されて工業的に使用され始めました。日本においては、三菱化成（現・三菱化学）が1946年に縮合樹脂の工業生産を開始しました。1942年にはアメリカのD'Alelioが、スチレン／ジビニルベンゼン共重合体にイオン交換基を導入すると極めて高性能のイオン交換樹脂が得られることを発見し、イオン交換樹脂はボイラーの用水処理を始め広範な用途に使用されるようになりました。

スチレン系のイオン交換樹脂は、アメリカでは1940年代にRohm&Haasが、日本では1955年に三菱化成が商品化し工業生産を開始しました。

要点BOX

- 1845年、イギリスの農学者が土壌のイオン交換現象を発見したのが「イオン交換」のルーツ
- 多くの種類のイオン交換体を工業的に利用

イオン交換樹脂の適用分野

電力用
水製造
電子機器
製造分野
工業用
触媒
食品分野
糖液精製
医薬品
精製
ボイラー用
水製造
イオン交換樹脂

日本国内のイオン交換樹脂の需要

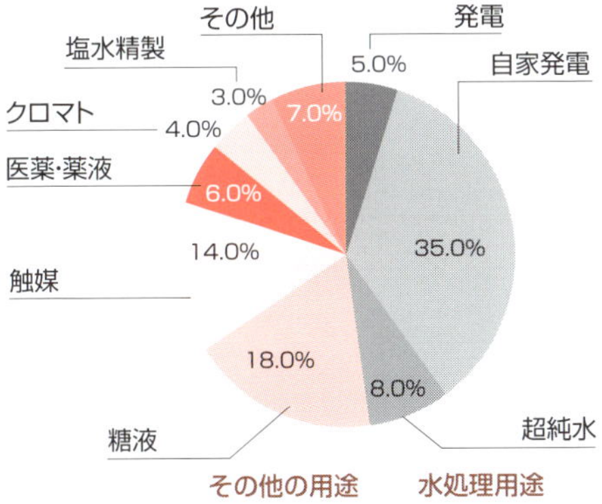
発電
5.0%
自家発電
35.0%
超純水
8.0%
水処理用途
糖液
18.0%
触媒
14.0%
医薬・薬液
6.0%
クロマト
4.0%
塩水精製
3.0%
その他
7.0%
その他の用途

ゼオライト

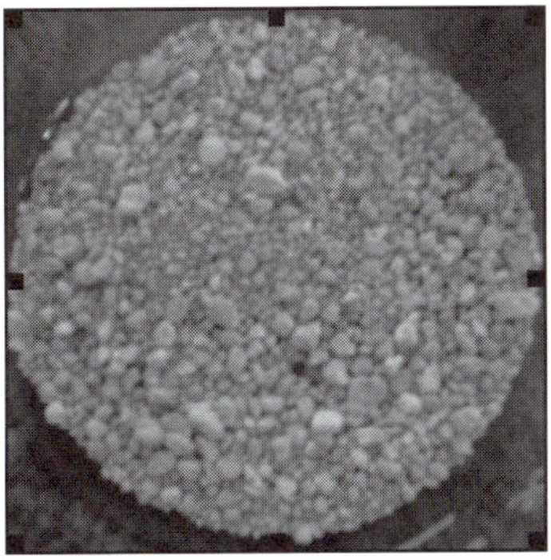

イオン交換樹脂

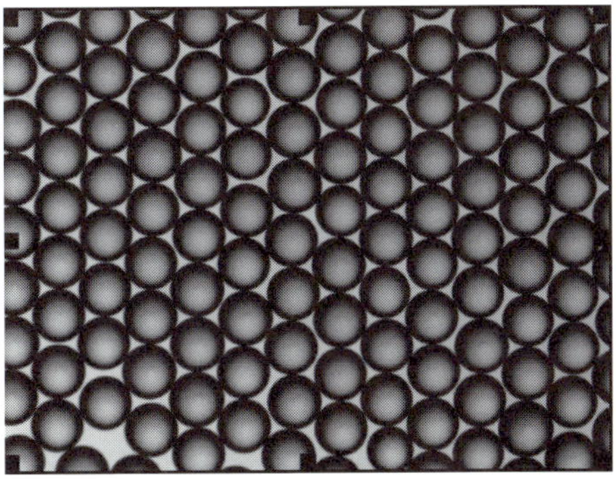

3 イオン交換体

有害・有用金属イオン分離材

イオン交換とは、「固相と液相の2相間で可逆的にイオンの交換が起こる現象」であり、固相は組成変換を行うだけで構造は変化しません。このような性質を示す固体は「イオン交換体」と呼ばれます。この現象は19世紀に土壌粒子によりアンモニウムイオンが捕獲されたのが最初の発見とされ、その後、アルミノケイ酸塩系の物質の研究が進められました。20世紀に入ると、ある種の有機物もイオン交換能をもつことが見出され、現在ではイオン交換体の種類は「無機イオン交換体」と「有機イオン交換体」に大別されます。

無機材料を用いた研究では、その構造面の特徴を生かしたリン酸ジルコニウム系材料を用いた研究、合成テニオライトおよび天然ベントナイトに支持された触媒材料の合成などが挙げられます。多孔質材料に関しては、その口径からミクロポア系材料（ゼオライトなど）、機能性を付加したメソポア系材料（MCM-41など）、マクロポア系材料（ゲル系など）に大別され、カドミウムイオン、鉛イオンなどの金属イオン捕獲から、アンモニウムイオンやアミノ酸吸着などに至るまで幅広く用いられています。層状構造をもつ無機イオン交換体は、構造的特徴から層間を利用した分離研究が盛んに行われており、結晶質四チタン酸繊維や層状粘土鉱物によるセシウム分離に関する研究などがあります。

有機イオン交換体を用いた研究はわが国でも第2次世界大戦後すぐに研究が開始されました。その特徴としては交換能の高さがあります。人体に重要な役割を果たすアミノ酸光学分割に関する研究、分子インプリント法による希土類金属イオンなどの分離研究、酵素の活性部位を分子インプリントの手法を利用して構築した研究などが含まれます。

要点BOX
- ●有機・無機イオン交換体
- ●有害・有用金属イオン分離材

イオン交換体の分類

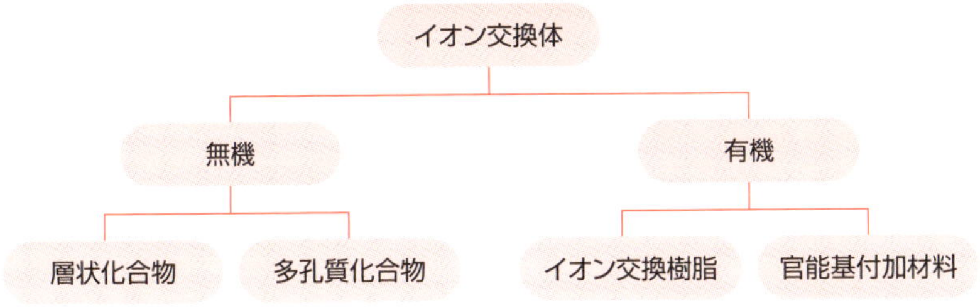
イオン交換体
無機
有機
層状化合物
多孔質化合物
イオン交換樹脂
官能基付加材料

多孔質化合物

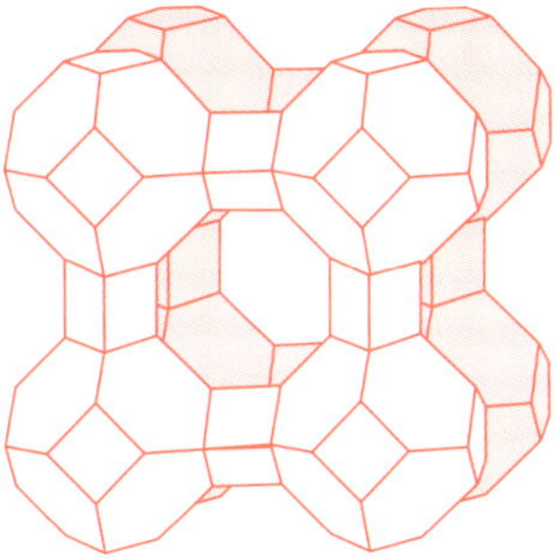

層状化合物

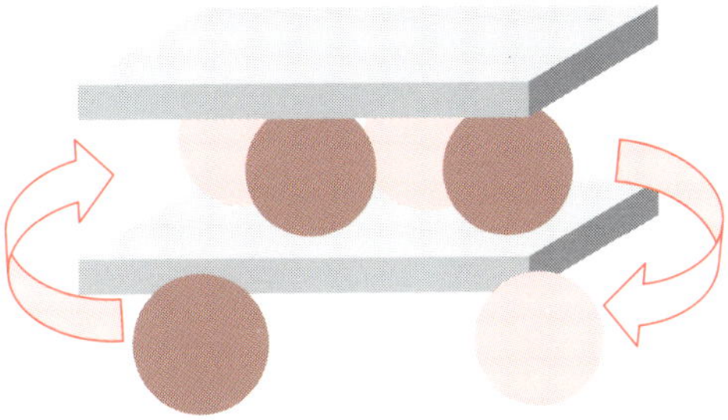

イオン交換樹脂

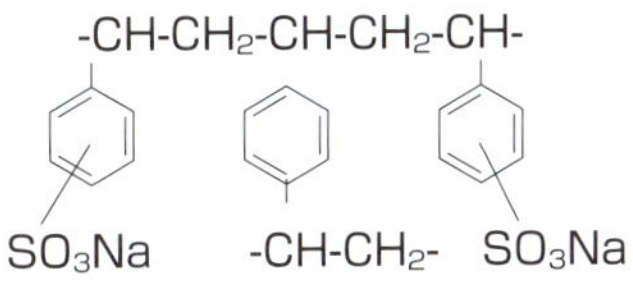
-CH-CH2-CH-CH2-CH-
SO3Na
-CH-CH2-
SO3Na

官能基付加材料

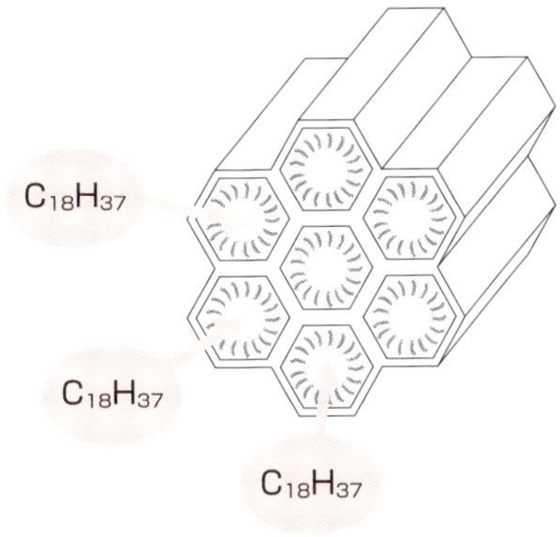
C18H37
C18H37
C18H37

4 イオン交換はどんなところに

環境保全に活躍するイオン交換

イオン交換が最も威力を発揮するのは、水溶液系です。イオン交換反応やイオン交換材は、基礎科学から宇宙開発・産業界まで水が関与するあらゆる場面で多用されています。本書には、そのほとんどが紹介されているので、詳細は該当する章をご覧いただければ容易に理解できるでしょう。ここでは、ちょっと変わった二つのトピックスを紹介します。

一つ目は、密閉空間の空気浄化です。気体成分の捕集分離にもイオン交換の技術は使われています。例えば、青森県六ヶ所村の環境科学技術研究所にある閉鎖型生態系実験施設では、約150㎡の作物群落とヤギ2頭、人2名、そして物質循環システムから構成された人工生態系を屋内に作り、物質循環の解析実験が行われています。ここで、人と動物の呼吸で生成したCO_2の分離に陰イオン交換樹脂が、O_2の分離にゼオライトが使われています。いずれ月面での長期滞在などの有人ミッションが始まれば、この解析結果に基づいて陰イオン交換樹脂が大きな役割を担うことになるでしょう。

二つ目は環境保全への適用です。藻場は磯魚の棲息場所であるだけでなく、アワビやサザエにとっては餌場であり、イカやニシンにとっては産卵と稚魚の生育場所になっています。藻場は水産資源を安定して供給すると同時に、汚濁海水を浄化する働きも担っており、人と自然にとって非常に重要な環境です。しかし、最近10年ほどの間に全国で藻場の約3％にあたる6000haが「磯焼け」によって消滅したと報告されています。荒廃した藻場の化学的な修復法として、ゼオライトを含んだ機能性セメントで作った人工岩礁や転炉系製鋼スラグを用いた藻場造成が注目を集めています。製鋼スラグを設置して栄養塩である鉄イオンを積極的に供給することで海藻の生育を促進させるプロジェクトがすでに全国十数カ所で行われ、一定の成果を上げています。

要点BOX
- ●イオン交換は気体の処理にも使われている
- ●有害物質の除去や栄養塩の供給で環境を保全

閉鎖居住実験における物質循環の概要

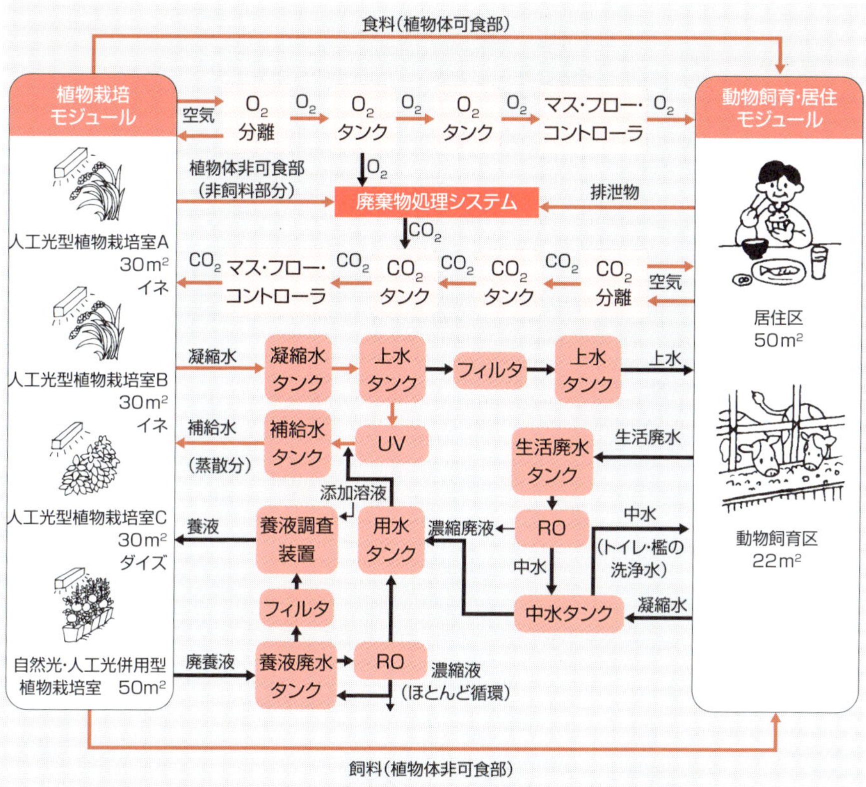
食料(植物体可食部)
植物栽培モジュール
動物飼育・居住モジュール
空気
O2 分離
O2 タンク
O2 タンク
マス・フロー・コントローラ
植物体非可食部(非飼料部分)
廃棄物処理システム
排泄物
CO2
CO2 マス・フロー・コントローラ
CO2 タンク
CO2 タンク
CO2 分離
人工光型植物栽培室A 30m² イネ
人工光型植物栽培室B 30m² イネ
人工光型植物栽培室C 30m² ダイズ
自然光・人工光併用型植物栽培室 50m²
居住区 50m²
動物飼育区 22m²
凝縮水
凝縮水タンク
上水タンク
フィルタ
上水タンク
上水
補給水
(蒸散分)
補給水タンク
UV
生活廃水
生活廃水タンク
添加溶液
養液
養液調査装置
用水タンク
濃縮廃液
RO
中水
(トイレ・檻の洗浄水)
中水タンク
凝縮水
フィルタ
廃養液
養液廃水タンク
RO
濃縮液(ほとんど循環)
飼料(植物体非可食部)

A
B
C

鉄鋼スラグを使った沿岸域の環境を保全する試み[文献(2)より転載]
A: 製鋼スラグの設置、B: 設置前の磯焼けした藻場、C: 設置後の藻場

(1) 多胡靖宏他、閉鎖居住実験計画とミニ地球における物質フローの検討、生態工学、17、231-242 (2005).
(2) 新日本製鐵、「2012 環境・社会報告書」

用語解説

藻場：浅い沿岸域で海藻類が繁茂している場所
磯焼け：海藻類が消失して藻場が荒廃する現象

5 イオン交換樹脂の構造

イオンを交換できる高分子の鎖

樹脂とは、高分子からできた固体のことです。ですから、イオン交換樹脂とは、イオンを交換できる樹脂のことです。

イオンには、プラスの電荷をもつ陽イオン、例えばナトリウムイオンNa^+と、マイナスの電荷をもつ陰イオン、例えば塩化物イオンCl^-がありますから、それぞれのイオンを交換できる陽イオン交換樹脂と陰イオン交換樹脂があるわけです。陽イオンを交換できる樹脂は、それと反対の電荷であるマイナス電荷をもつ化学構造（陽イオン交換基と呼びます）を載せた高分子の鎖からできています。陽イオン交換基の代表はスルホ基（$-SO_3H$）です。これが液中で、樹脂にくっついたままの$-SO_3^-$と、樹脂から離れることのできるH^+（水素イオン）とに分かれます。このH^+と、接触している液中の陽イオンとが交換するわけです。一方、陰イオン交換基の代表はトリメチルアンモニウム基（$-N^+(CH_3)_3$）です。

イオン交換基が載っている高分子の鎖の形は3つに分けられます。まず、高分子鎖の両端が自由に動けると、鎖は水中に拡がって溶けます。次に、高分子鎖の片端が自由でも、もう一方の端が水に溶けない高分子（例えばポリエチレン）に固定されていると、全体としては水に溶けないのでイオン交換樹脂になります。さらに、両端が固定されていても水に溶けないので、これもまたイオン交換樹脂になります。

市販されている陽イオン交換樹脂は、スチレンとジビニルベンゼンとを混ぜて高分子の固体にした後で、スルホン基を導入して作製しています。ジビニルベンゼンは、その名が示すように2つ（ジ）のビニル基がベンゼン環を挟んでいる化合物なので、スチレンがつながった高分子鎖の間に挟まって橋を架けます。こうして両端が固定された構造をもつようになり、液中で溶けずにイオンを交換します。イオン交換樹脂は、直径がそろったコロコロしたビーズの形をしています。

要点BOX

- 高分子中のマイナス電荷が液中の陽イオンを引きつける
- 高分子の鎖の間に橋を架けると水に溶けない

電荷をもつ高分子鎖の分類

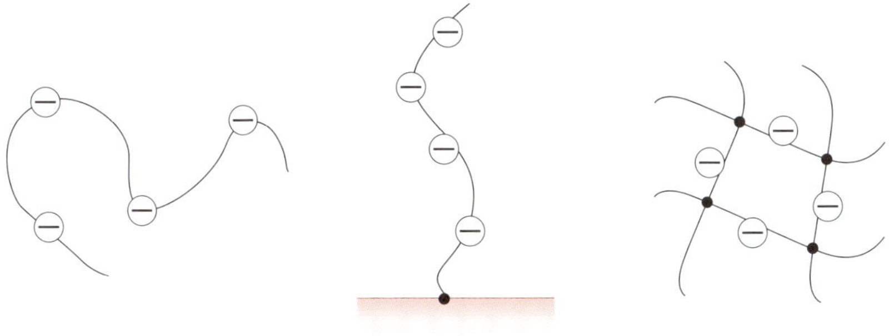

(a)両端自由　(b)片端固定(自由)　(c)両端固定

橋架けをした高分子鎖

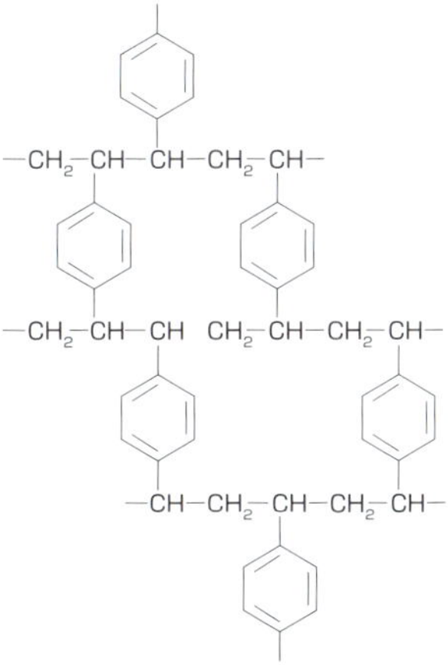

イオン交換樹脂ビーズ

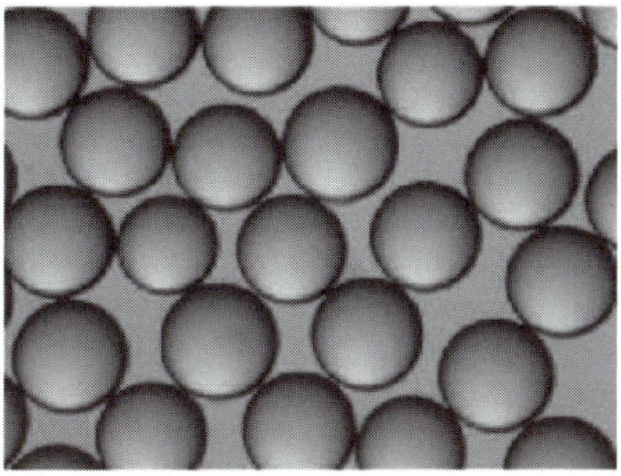

6 イオン交換繊維

わざわざ繊維にする価値がある

イオン交換繊維とは、働きと形から分けた名称で、イオン交換のできる繊維のことです。ここでは、高分子を合成して作るイオン交換繊維、つまり繊維状イオン交換樹脂を解説します。

世の中には、まん丸いビーズの形をしたイオン交換樹脂があります。それなのに、わざわざ繊維状のイオン交換樹脂を作る理由は二つあります。

一つは、繊維の直径を小さくすると外部表面積が増え、さらに内部にイオンが速く浸み込むからです。ビーズの直径を小さくしてもそうなりますが、ビーズは1個1個離れるので扱いにくいのです。繊維ならつながっているので扱いやすくなります。小さいイオン交換ビーズをつなげた材料がイオン交換繊維と見なせるわけです。

もう一つは、用途に合わせてイオン交換繊維からさまざまな集合体を作れるからです。例えば、繊維を芯材にぐるぐると巻いてワインドフィルタを作って、そこへ液を流通してイオンを回収できます。また、繊維を組み紐に編んで液中に垂らして時間をおけばイオンを捕捉できます。

イオン交換繊維の作り方の一つとしてグラフト重合法を紹介します。グラフトとは「接ぎ木」のことです。青森県のリンゴは、みんな接ぎ木の方法で作っています。丈夫な幹をもつ木においしいリンゴのなる枝を取り付けて毎年おいしいリンゴを作っています。それを真似て、丈夫な合成繊維（例えばナイロン繊維）にイオン交換基をもつ高分子の鎖を接ぎ木してイオン交換繊維を作っています。

直径40μm（0・04mm）のナイロン繊維に水中のホウ酸を選んで捕まえることのできる化学構造（N-メチルグルカミン）をもつ高分子の鎖を接ぎ木した繊維（イオン交換繊維の仲間で、キレート繊維と呼びます）の性能をキレート樹脂ビーズと比べると、容量は同じでも、期待通り捕まえる速度で繊維が優れています。

要点BOX

- ●繊維状なら表面積が増え内部へ浸込みも速い
- ●合成繊維にイオン交換基をもつ高分子鎖を接ぎ木して作る

イオン交換繊維から作った様々な集合体

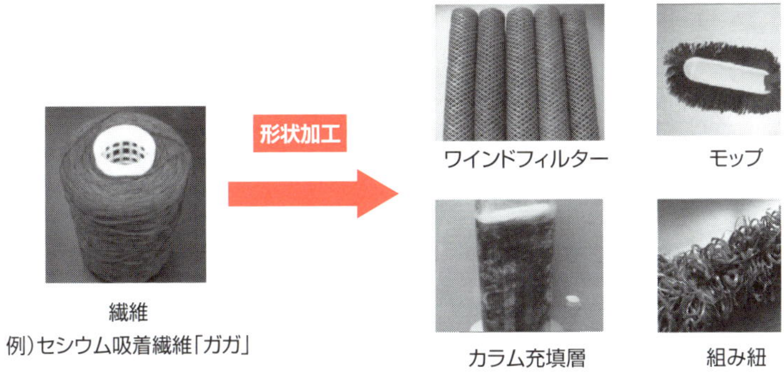
形状加工
ワインドフィルター
モップ
カラム充填層
組み紐
繊維
例）セシウム吸着繊維「ガガ」

グラフト重合法によるイオン交換繊維の作製

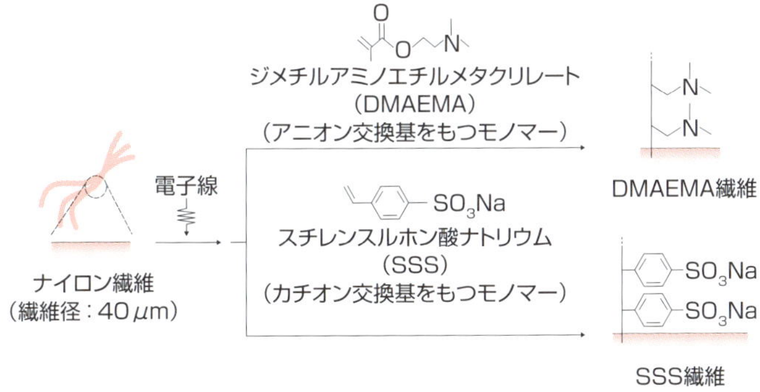
ジメチルアミノエチルメタクリレート
（DMAEMA）
（アニオン交換基をもつモノマー）
DMAEMA繊維
電子線
ナイロン繊維
（繊維径：40 μm）
スチレンスルホン酸ナトリウム
（SSS）
（カチオン交換基をもつモノマー）
SSS繊維

キレート繊維を使った液中のホウ酸の高速捕捉

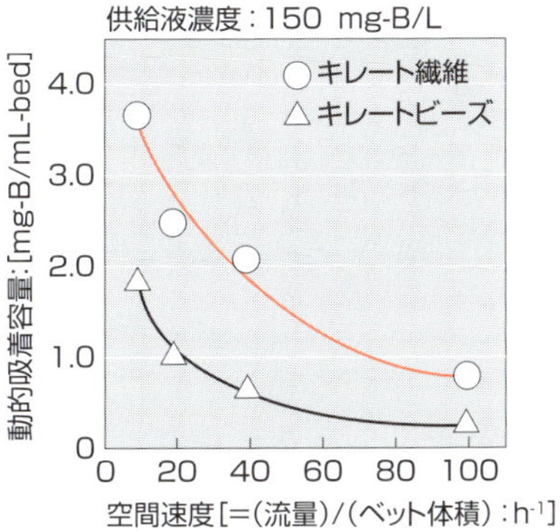
供給液濃度：150 mg-B/L
キレート繊維
キレートビーズ
動的吸着容量：[mg-B/mL-bed]
空間速度[=（流量）/（ベット体積）：h-1]

7 特定のイオンを通すイオン交換膜

固定荷電基が重要な役割

イオン交換膜には、三次元架橋された高分子網目などのマトリクスに水中で解離してイオン化する官能基が固定されています。例えば、スチレンとジビニルベンゼンの3次元網目構造にスルホ基などの負荷電基が固定されると陽イオン交換膜となり、四級アンモニウム基などの正荷電基が固定されると陰イオン交換膜となります。

陽イオン交換膜を電解質溶液に浸けると、膜中の固定荷電基と反対符号のイオン（対イオン、ここでは陽イオン）と、溶液中に存在する陽イオンが交換されます。このとき、イオン交換膜の膜と溶液の界面でドナン電位と呼ばれる電位差が生じます。このドナン電位は、イオン交換膜が低濃度の電解質溶液と接するときに、膜内外の対イオンの濃度差による拡散力と、対イオンと固定電荷との間の電気力が釣り合い平衡状態になったときに発生する電位です。この電位により膜中の対イオン濃度は溶液濃度よりも高くなり、反対に膜中の副イオン（固定荷電基と同符号のイオン、ここでは陰イオン）の濃度は溶液濃度よりも低くなります。この膜内の陽イオンと陰イオンの濃度差により、陽イオン交換膜は陽イオンのみを選択的に通す性質をもつようになります。

イオン交換膜には、その荷電構造の違いにより、上に示したイオン交換膜の他に、1枚の膜に陽イオン交換層と陰イオン交換層が存在するバイポーラ膜とモザイク荷電膜があります。バイポーラ膜は、陽、陰イオン交換層をサンドイッチ状に貼り合わせた構造をもち、1価イオン選択性と、また酸とアルカリの同時製造が可能です。モザイク荷電膜は、両イオン交換層が膜面に対してモザイク状に並んだ構造をもちます。モザイク荷電膜は、糖やアルコールなどの非電解質よりも電解質の透過性が非常に高いという特長をもちます。

要点BOX

●イオン交換膜の選択透過性は、ドナン電位による膜内のイオン濃度の違いで生じる

スチレンージビニルベンゼン共重合体を骨格にした陽イオン交換体

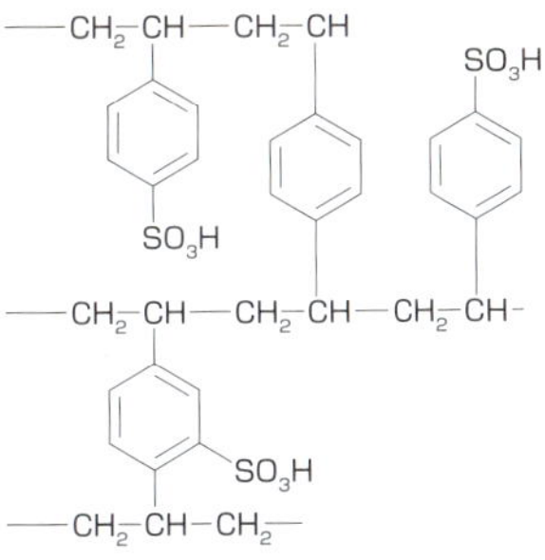
CH2 CH CH2 CH
SO3H
SO3H
CH2 CH CH2 CH CH2 CH
SO3H
CH2 CH CH2

ドナン平衡の模式図

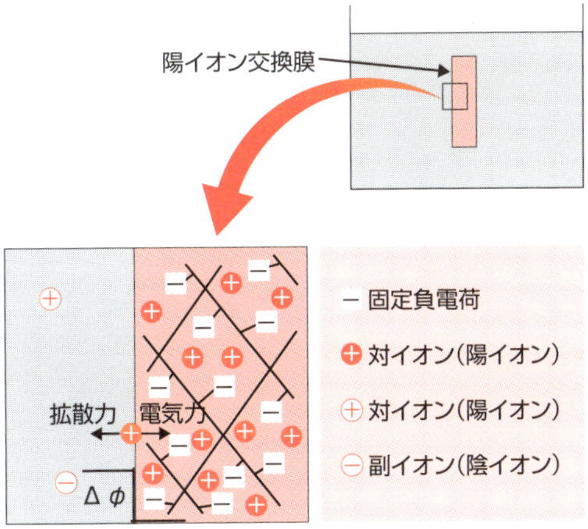
陽イオン交換膜
拡散力
電気力
Δφ
固定負電荷
対イオン(陽イオン)
対イオン(陽イオン)
副イオン(陰イオン)

例えば、陽イオン交換膜を低濃度の電解質溶液に浸漬させると、膜と溶液界面で生じる対イオンの濃度差によりドナン電位が生じる。陰イオン交換膜の場合は、陰イオンが対イオンで、陽イオンが副イオンとなる。

バイポーラ膜

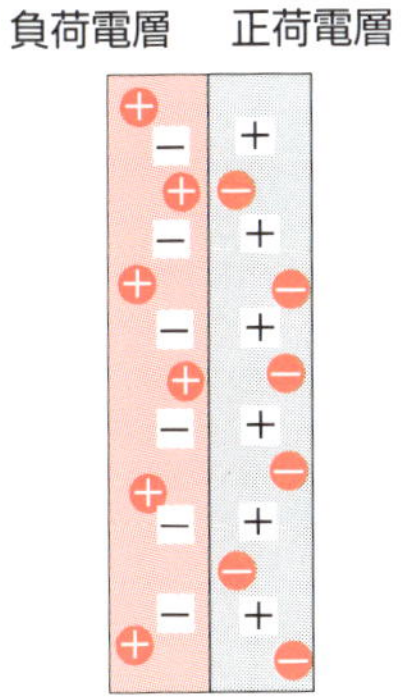
負荷電層
正荷電層

モザイク荷電膜

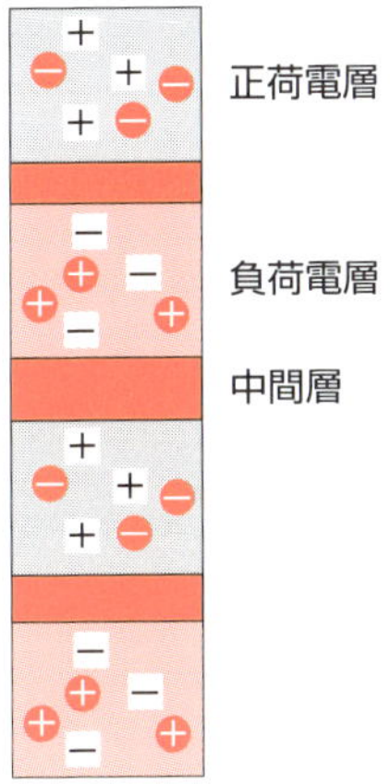
正荷電層
負荷電層
中間層

8 意外に身近なイオン交換膜

脱塩・淡水化から発電まで

種々のイオンが存在する溶液が入った2つの容器をイオン交換膜で隔てた系を「透析システム」と呼びます。この透析システムは、イオンを動かす駆動力の種類により、電気透析、拡散透析、圧透析に分類されます。

電気透析は、2つの容器に存在する電極間に電圧を加えることでイオンを分離するシステムです。我が国で海水から安全・安心な食卓塩の製造に応用されています。このシステムでは、海水に含まれるNa^+イオンとCl^-イオンがそれぞれ印加電圧により陰極、陽極方向に電気力を受けます。Na^+イオンは陰イオン交換膜、Cl^-イオンの陽イオン交換膜透過性が非常に低いため、装置内に濃縮塩溶液と希釈塩溶液ができます。この濃縮塩溶液から食塩が、希釈塩溶液からは飲料水が得られます。電気透析は製塩だけでなく、海水・かん水の淡水化や醤油・梅干し・ワインなどの脱塩にも応用されています。

拡散透析は、2つの容器の間に濃度の異なる電解質溶液を入れ、その濃度差による拡散力を駆動力としてイオンを分離します。この例としてドナン透析があります。このシステムは電気が不要であり、また、イオン交換樹脂のように再生操作の必要がなく、連続的に特定イオンの濃縮分離を行えるという利点があります。ドナン透析は、めっき廃液からの有用金属の回収などに応用されています。

圧透析では、モザイク荷電膜を使用した食品・医薬品の脱塩への応用が検討されています。

身近な話題として、イオン交換膜と塩水から電気を得る濃淡電池があります。これは、電気透析による濃縮・脱塩プロセスとは逆に、海水と河川水など濃度差がある溶液を電気透析装置に流すことで発電するシステムです。陽、陰イオン交換膜（1㎡）を600対用いるシステムで約12kWの出力が得られ、2013年にオランダで試験プラントが建設される予定です。

要点BOX
- ●製塩、海水・かん水の淡水化、食品・医薬品の脱塩などで応用
- ●海水と河川水で発電する研究も進行中

電気透析システム

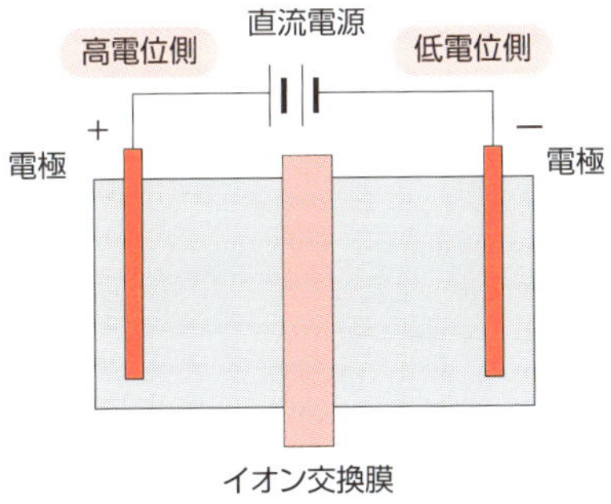
直流電源
高電位側
低電位側
＋
－
電極
電極
イオン交換膜

拡散透析システム

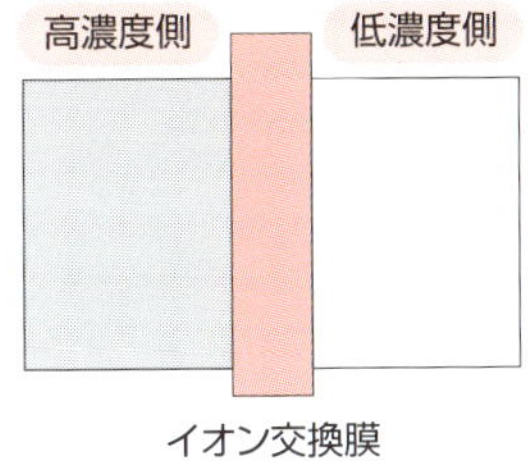
高濃度側
低濃度側
イオン交換膜

圧透析システム

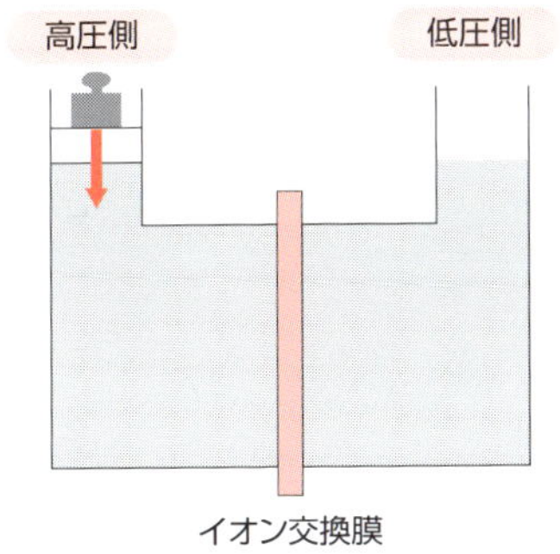
高圧側
低圧側
イオン交換膜

電気透析システムを用いた海水からの製塩プロセス

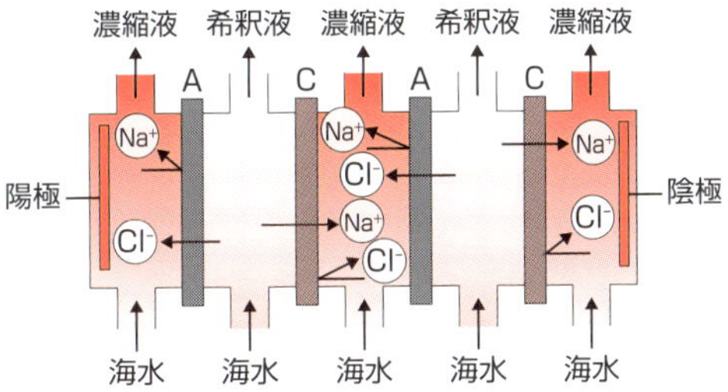
濃縮液
希釈液
濃縮液
希釈液
濃縮液
A
C
A
C
陽極
陰極
Na+
Cl-
海水
海水
海水
海水
海水

A：陰イオン交換膜　C：陽イオン交換膜

ドナン透析プロセス

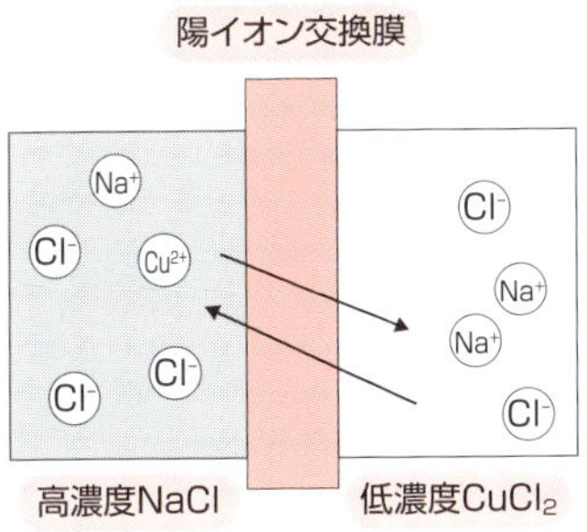
陽イオン交換膜
Na+
Cl-
Cu2+
高濃度NaCl
低濃度CuCl2

高濃度NaCl溶液を駆動力として低濃度$CuCl_2$溶液から銅イオンを回収するドナン透析の例

濃淡電池（逆電気透析）システムによる海水と河川水を利用した発電装置

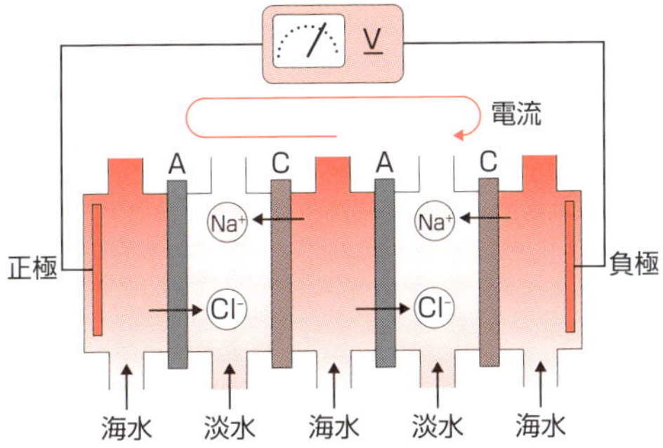
V
電流
A
C
A
C
正極
負極
Na+
Cl-
海水
淡水
海水
淡水
海水

A：陰イオン交換膜　C：陽イオン交換膜

9 ゼオライト

環境浄化のための優れた吸着剤

ゼオライト（沸石）はケイ素（Si）とアルミニウム（Al）酸化物四面体からなるアルミノケイ酸塩鉱物で、三次元の骨組み構造をもっています。構造の中に、交換性陽イオンとしてナトリウムイオン（Na^+）が入っていて、これが溶液中の陽イオンと置き換わり、イオン交換吸着します。

環境中の有害イオンを選択的に吸着して浄化する作用があり、構造によって陽イオンに好き嫌いがあります。総じて、かご型構造をもつA型、X型ゼオライトは、2価、3価などの金属イオン（例えばストロンチウムイオン（Sr^{2+}））が好きで、トンネル構造をもつモルデナイトは1価の金属イオン（セシウムイオン（Cs^+））を好みます。

この性質は、福島原発事故での原子炉内の高放射能汚染水に含まれている放射性セシウムや放射性ストロンチウムの選択的な除染に用いられています。例えば、海水中からセシウムで90％、ストロンチウムで60％程度吸着除去することが可能です。原子炉内の高汚染水の放射性セシウムは、循環注水冷却システムのゼオライト吸着塔で除染されます。ちょうちん型構造のチャバサイト吸着塔で90％程度除染され、とどめは結晶性シリコチタネート（CST：ケイ素とチタンの酸化物で成り立つゼオライト様の構造）で高度除染を達成しています。飛び散った放射性セシウムによる土壌汚染の除染対策にも、わが国に無尽蔵に産出される天然産モルデナイト、クリノプチロライトが使用されています。

ゼオライトはイオン交換吸着作用以外にも、ガスの吸着や、そのまま高温で焼けば固化する性質もあり放射性核種の安定固化にも利用できます。身近なところでは、猫砂、洗剤、乾燥剤にも入っています。

このようにゼオライトは豊富に産出し、安価で環境浄化のための優れた吸着剤として、ますます応用範囲は広まっていくでしょう。

要点BOX

- ●ポーラスな構造内へ有害イオンを選択的に交換
- ●チャバサイトなどで放射性セシウムの除染
- ●高温焼成で放射性物質を安定固化

セシウムが好きなゼオライト（モルデナイト（左）、チャバサイト（中）とCST（右）の結晶構造

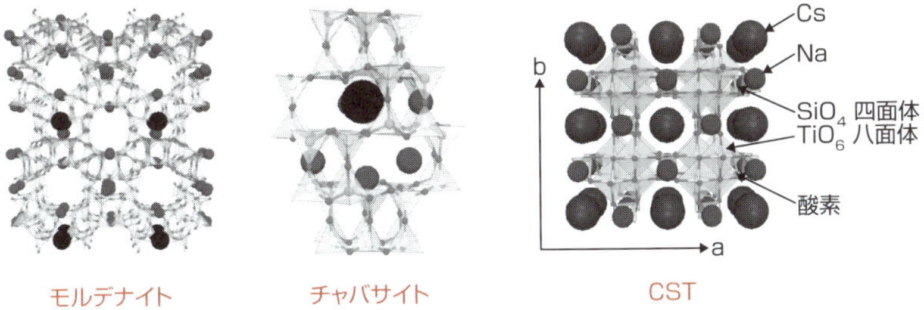
Cs
Na
b
a
SiO_4 四面体
TiO_6 八面体
酸素
モルデナイト
チャバサイト
CST

A型ゼオライト中のNa^+とSr^{2+}がイオン交換

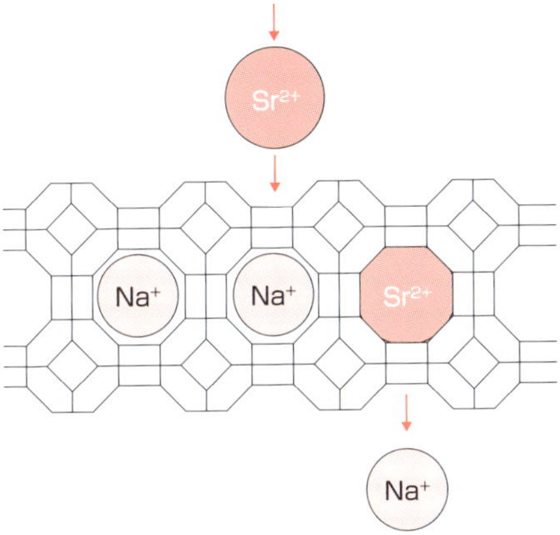
Sr^{2+}
Na^+
Na^+
Sr^{2+}
Na^+

福島第一原発の循環注水冷却システム

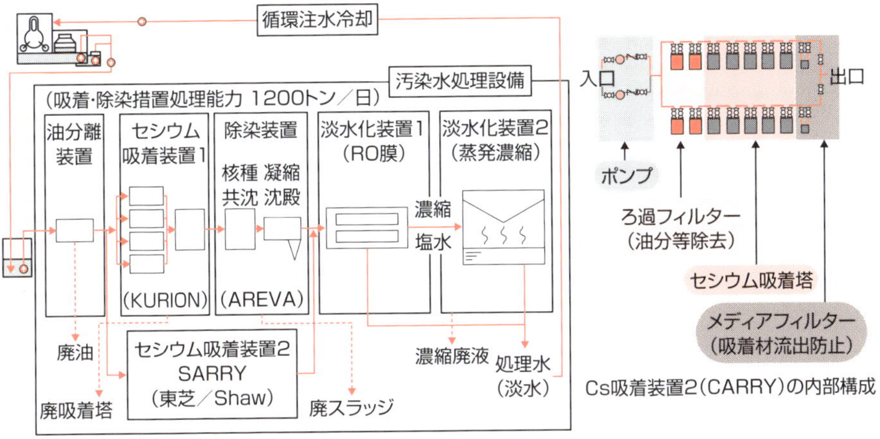
循環注水冷却
汚染水処理設備
（吸着・除染措置処理能力 1200トン／日）
油分離装置
セシウム吸着装置1
（KURION）
除染装置
核種共沈
凝縮沈殿
（AREVA）
淡水化装置1
（RO膜）
淡水化装置2
（蒸発濃縮）
濃縮塩水
廃油
廃吸着塔
セシウム吸着装置2
SARRY
（東芝／Shaw）
廃スラッジ
濃縮廃液
処理水
（淡水）
入口
出口
ポンプ
ろ過フィルター
（油分等除去）
セシウム吸着塔
メディアフィルター
（吸着材流出防止）
Cs吸着装置2（CARRY）の内部構成

10 粘土鉱物

雨や雪の一部が地中深く染み込んでいき、年月をかけて土によって浄化され、名水となります。この土のフィルターの役割を担っているのが、無機・有機イオンの保持・交換・再放出の性質をもつ粘土鉱物と呼ばれる微粒子状の無機物です。粘土鉱物には、層状の結晶構造をもつケイ酸塩鉱物の他に、粘土に可塑性・焼結性を与える非晶質、低結晶質の鉱物も含まれます。粘土鉱物を構成する元素は地殻の主要構成元素で、その構造の基本単位は、Si-O四面体が六角形網状構造に配列したケイ素四面体シートと、Al-Oなどの八面体の網状のつながりのアルミニウム八面体シートの二つです。この両シートがいろいろな積み重なり方をして各種の層状粘土鉱物を形作ります。

1：1型構造としては、景徳鎮などでの磁器の原料となるカオリン鉱物と、アスベスト問題となっているクリソタイルなどの蛇紋石鉱物が代表です。2：1型構造は、「きらら」とも呼ばれる雲母（マイカ）と同様の構造です。ファンデーションともなる滑石（タルク）、耐火物原料の葉ろう石（パイロフィライト）、断熱・防音材・園芸用土に用いられる蛭石（バーミキュライト）、泥パックなどとしても用いられるスメクタイトなどです。スメクタイトは、膨潤性・吸着能などに優れ、様々な用途があります。2：1：1型構造には、雲母に次いで産出の広い緑泥石（クロライト）があります。これらの基本構造シートは、2010年のノーベル物理学賞の素材グラフェンに似ています。

他に有名な炭素素材として、1996年度のノーベル化学賞の対象となったフラーレンと、カーボンナノチューブがあります。

これらに似た構造をもつ粘土鉱物としてアロフェンとイモゴライトがあります。アロフェンは直径約3.5～5㎚で厚さ0・7㎚程度の中空球状の形態で、イモゴライトは繊維状で外径が約2・5㎚のナノチューブです。

要点BOX

- ●名水を作り出す粘土鉱物
- ●焼き物・化粧品・耐火物などにも使われる
- ●ナノシート・ナノボール・ナノチューブの形態

粘土鉱物の基本ユニットと構造模式図

(a)ケイ素四面体シート

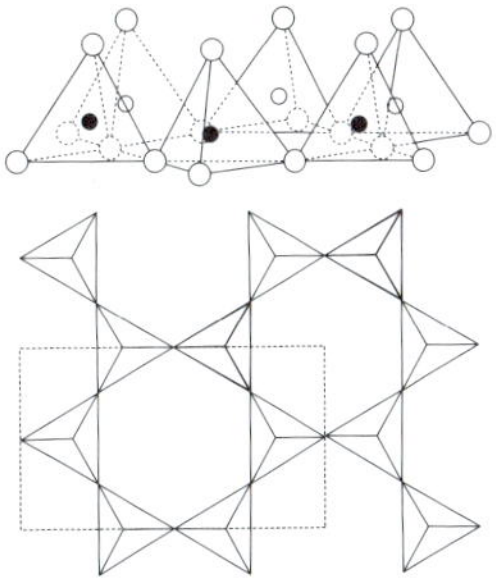

(b)アルミニウム八面体シート

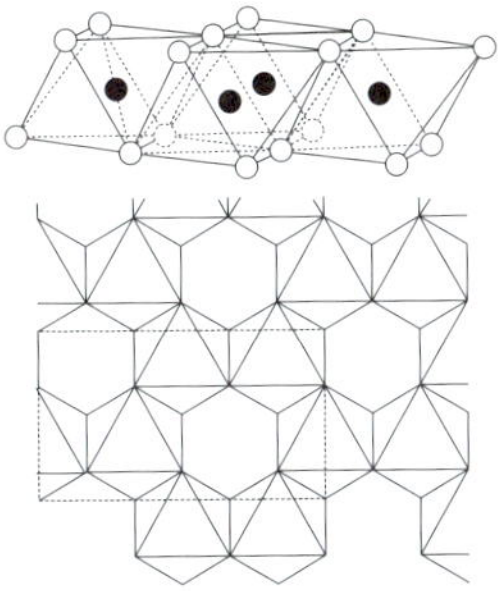

1:1型構造
(カオリナイト)

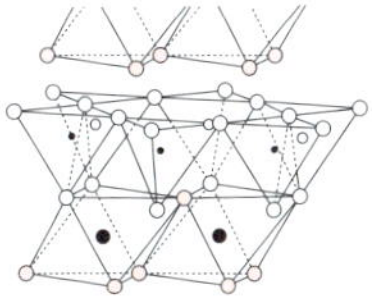

2:1型構造
(スメクタイトなど)

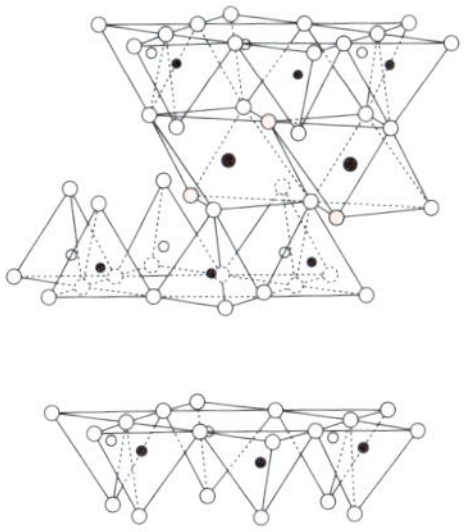

2:1:1型構造
(緑泥石など)

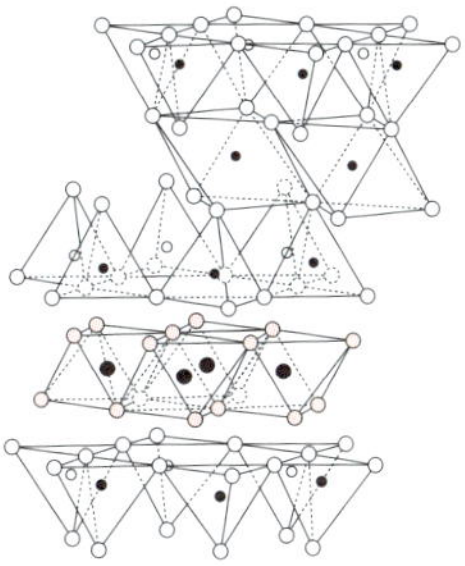

○酸素　○水酸基
●Al、Fe、Mg
○と●ケイ素、一部Al

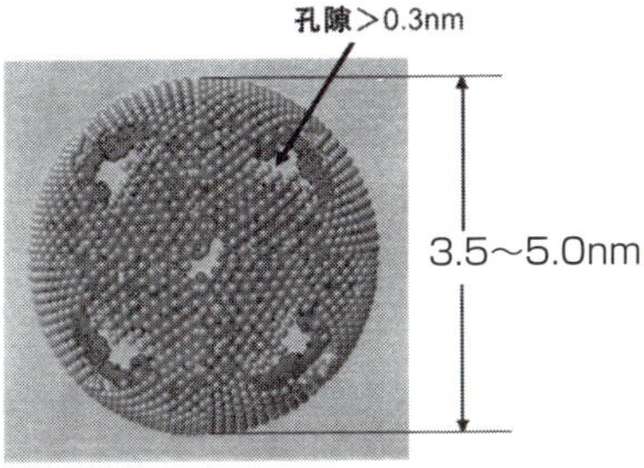
孔隙＞0.3nm
3.5〜5.0nm

ナノボール：アロフェン

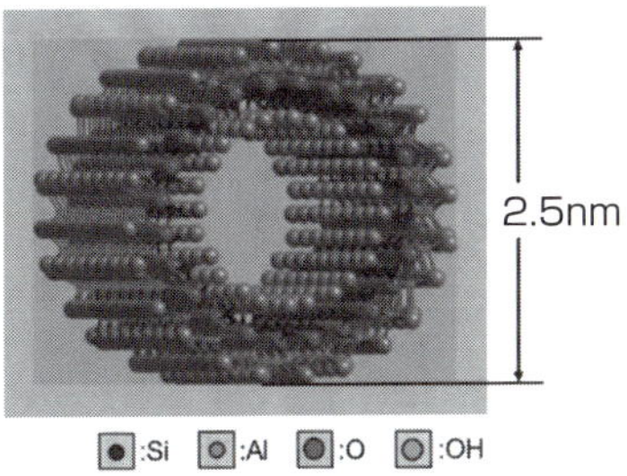
2.5nm
:Si
:Al
:O
:OH

ナノチューブ：イモゴライト

11 無機層状化合物のイオン交換特性

リン酸ジルコニウムとLDH

無機層状化合物とは、共有結合等の強い結合力で形成した無機物質からなる、平面構造がファンデルワールス力などにより幾重にも重なって層をなしている化合物をいいます。無機層状化合物は表に示すように様々なものがあります。その中でリン酸ジルコニウムは1964年に層状構造が明らかになり、陽イオン交換能と特異的なインターカレーション能をもつ層状ホスト材料として注目され、有機の官能基の導入による層間の修飾も行われています。

有機鎖長を適当に選ぶことでほぼ連続的に層間隔の拡大ができることも明らかになっています。この方法は、粘土層間の場合と同様に、有機／無機の複合構造を形成し、層間に新しい取り込み空間と反応空間を設計する可能性を開いたものであり、近年の様々な有機分子の層間へのインターカレーションやそれを利用した多孔質構造の構築、および剥離によるナノシート化などの新技術の発展につながっています。

一方、炭酸塩鉱物である層状複水酸化物（LDH）は1960年代に構造が明らかにされました。LDHの基本構造は、$Mg(OH)_6$八面体が稜共有で平面的に配列したブルーサイト（水酸化マグネシウム）と同じ構造をもちます。層間の陰イオンは塩化物イオン、硝酸イオン、炭酸イオン、カルボン酸イオンなどの様々な電価の陰イオンであり、種類によっては交換が可能です。陰イオン交換容量は、層内の二価、三価の金属イオンの同形置換量（正電荷量：図の一般化学組成式中のX値）によって決まります。Xの値は一般的に0・20〜0・33の範囲とされています。

LDHの用途としては、陰イオン交換能を利用した陰イオン交換体や高分子材料のハロゲン捕捉剤、ブルーサイト様基本層の難燃性を利用したポリ塩化ビニルの熱安定剤などが挙げられます。

要点BOX
- ●無機層状化合物の種類と構造
- ●リン酸ジルコニウムとLDHのイオン交換特性

イオン交換能をもつ無機層状化合物[1,2]

塩の種類	実例
リン酸塩	$Zr(HPO_4)_2 \cdot nH_2O$、$Ti(HPO_4)_3 \cdot nH_2O$、$Na(UO_2PO_4) \cdot nH_2O$
ケイ酸塩	モンモリロナイト、スメクタイトなどの粘度化合物、トバモライト
チタン酸塩	$Na_2Ti_3O_7$、$KTiNbO_5$、$Rb_xMn_xTi_{2-x}O_4$、$K_2Ti_2O_5$、$K_2Ti_4O_9$
ウラン酸塩	$Na_2U_2O_7$、$K_2U_2O_7$
バナジン酸塩	KV_3O_8、$K_3V_5O_{14}$、$CaV_6O_{16} \cdot nH_2O$、$Na(UO_2V_3O_9) \cdot nH_2O$
ニオブ酸塩	$KNbO_3$、$K_4Nb_6O_{17}$
モリブデン酸塩	$Mg_2Mo_2O_7$、$Cs_2Mo_5O_{16}$、$AgMo_{10}O_3$
ダングステン酸	$Na_2W_4O_{13}$、$Ag_6W_{10}O_{33}$
炭酸塩	$Mg_6Al_2(CO_3)(OH)_{16} \cdot nH_2O$

リン酸ジルコニウムの層状構造

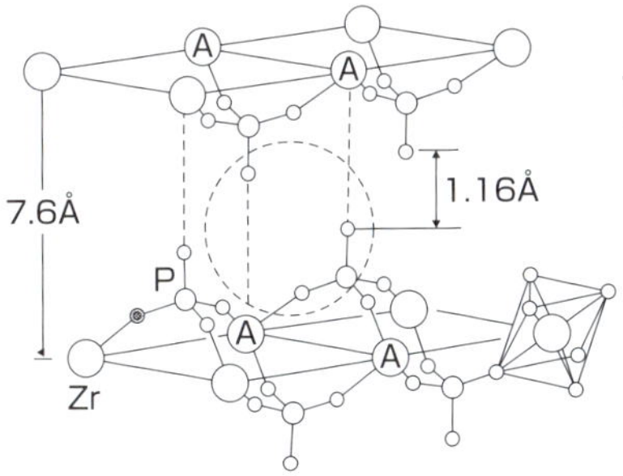

A
A
7.6Å
1.16Å
P
A
A
Zr

有機鎖架橋によるリン酸ジルコニウムの層間隔制御[1,2]

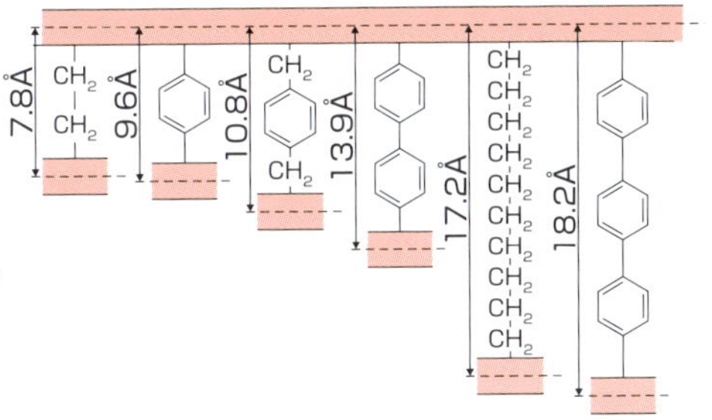

7.8Å
CH2
CH2
9.6Å
10.8Å
CH2
CH2
13.9Å
17.2Å
CH2
18.2Å

層状複水酸化物(LDH)の構造[1)]

(一般式　$M^{2+}_{1-x}M^{3+}_{x}(OH)_2A^{n-}_{x/n} \cdot mH_2O$)

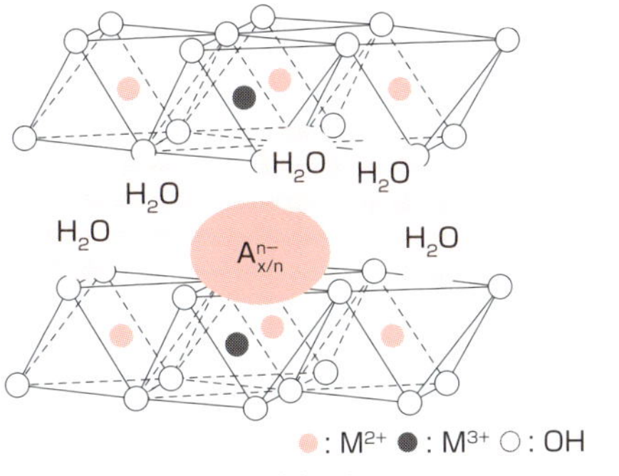

H2O
H2O
H2O
H2O
H2O
A n− x/n
: M2+ ● : M3+ ○ : OH

出典:1)神崎愷監修:「図解 最先端イオン交換技術のすべて」、工業調査会(2011)
2)妹尾学、阿部光雄、鈴木喬編:「イオン交換」、講談社(1991)

12 マンガン酸化物のイオンふるい

イオンをふるい分ける分離材

金属酸化物などの無機物イオン交換体によるイオンの吸着は、イオン交換体表面での吸着と結晶内部での吸着に分類できます。表面吸着の選択性は主に吸着イオンとイオン交換体との化学結合の強さだけで決まります。一方、内部吸着の場合、吸着イオンとイオン交換体の結合の強さのみならず、イオンの大きさによる効果が働きます。つまり、大きなイオンはイオン交換体内部への侵入が制限され、いわゆる「イオンふるい効果」によってイオンの吸着選択性は飛躍的に向上します。

トンネル構造や層状構造をもつ多孔性結晶はイオンふるい型イオン交換体として利用できます。ゼオライトや粘土は代表的な多孔性結晶ですが、結晶の細孔は金属イオンの大きさよりかなり大きいので金属イオン分離用イオンふるいとしてあまり有効には働かず、金属イオンよりサイズの大きい有機分子などをふるい分ける「分子ふるい」に使われます。一方、金属酸化物には、金属イオンと同じぐらいの大きさの細孔をもつ結晶が数多く知られています。特にマンガン酸化物には様々なトンネル構造と層状構造の化合物があり、金属イオン吸着に高い選択性を示します。

マンガン酸化物の多孔性構造は、主にマンガンが6つの酸素と結合してできた八面体が互いに連結して構築されます。その連結方法によってトンネルの大きさや層間隙間の広さ、いわゆる細孔径が異なります。その細孔径に対応する大きさのイオンを強く吸着し、高い吸着選択性を示します。

マンガン酸化物イオンふるいの合成は金属イオン鋳型を用います。まず、マンガン成分と鋳型の金属イオン成分を混合して焼成処理などの方法で焼き固め、トンネル構造や層状構造を形成させます。それから酸処理して鋳型の金属イオンを取り除き、鋳型イオンと同じぐらいのサイズの多孔性イオンふるい結晶が得られます。

要点BOX
- 多孔性構造を有するマンガン酸化物
- イオンの選択的吸着

多孔性結晶のイオンをふるい分ける「イオンふるい効果」

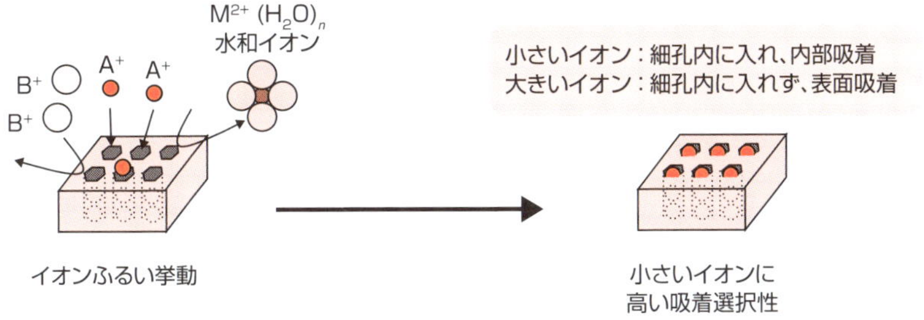
$M^{2+}(H_2O)_n$
水和イオン
B^+
B^+
A^+
A^+
小さいイオン：細孔内に入れ、内部吸着
大きいイオン：細孔内に入れず、表面吸着
イオンふるい挙動
小さいイオンに
高い吸着選択性

トンネル構造と層状構造をもつ多孔性マンガン酸化物イオンふるい結晶

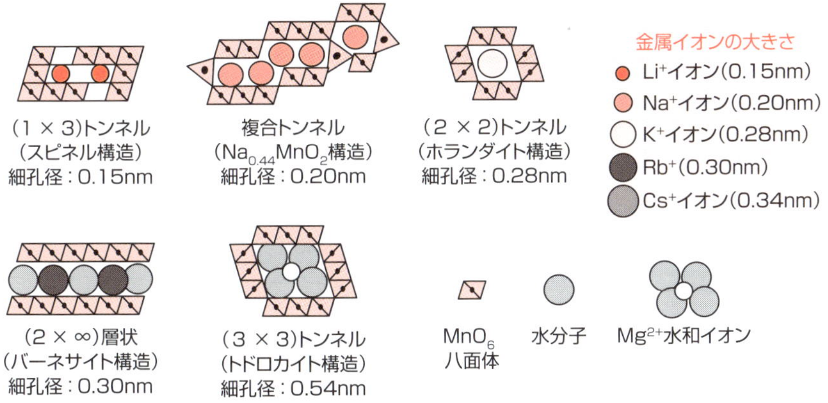
(1 × 3)トンネル
(スピネル構造)
細孔径：0.15nm
複合トンネル
($Na_{0.44}MnO_2$構造)
細孔径：0.20nm
(2 × 2)トンネル
(ホランダイト構造)
細孔径：0.28nm
金属イオンの大きさ
Li^+イオン(0.15nm)
Na^+イオン(0.20nm)
K^+イオン(0.28nm)
Rb^+(0.30nm)
Cs^+イオン(0.34nm)
(2 × ∞)層状
(バーネサイト構造)
細孔径：0.30nm
(3 × 3)トンネル
(トドロカイト構造)
細孔径：0.54nm
MnO_6
八面体
水分子
Mg^{2+}水和イオン

金属イオン鋳型を用いるイオンふるい結晶の合成

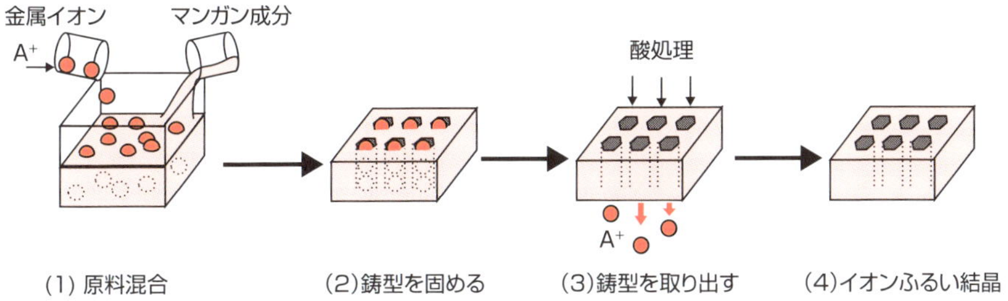
金属イオン
マンガン成分
A^+
酸処理
A^+
(1) 原料混合
(2)鋳型を固める
(3)鋳型を取り出す
(4)イオンふるい結晶

Column

水がイオン交換選択性の決め手

イオン交換の実験や実践は一般に水の中で行われます。したがって、イオン交換の相互作用は水の影響を強く受けます。

たとえば、有機高分子の基材にスルホン基酸を導入した一般的な陽イオン交換樹脂とアルカリ金属イオンとの相互作用は、周期表の下のイオンほど強くなります。つまり、Li^{+}、Na^{+}、K^{+}……の順に陽イオン交換樹脂に良く取り込まれます。同様の傾向は、四級アンモニウムイオン型の陰イオン交換樹脂でも成り立ち、ハロゲン化物イオンでは、F^{-}、Cl^{-}、Br^{-}、I^{-}の順に相互作用が強くなります。相互作用や分離の順序を「選択性」とよびます。上述の選択性は、水の中でのイオン交換で成り立つ話であり、他の溶媒では選択性が異なることが知られています。

イオン交換分離の選択性はどのように解釈できるでしょうか。陽イオンと陰イオンでは同じ機構が働いているのでしょうか。

同族元素のイオンでは周期表の上にある小さな元素のイオンほど水と強く相互作用し、強い水和を受けます。これらの水和イオンがイオン交換樹脂に取り込まれて、イオン交換樹脂のイオン基と相互作用するときに、水が外れているのか、水和したままなのか、という点を知る必要があります。

近年、イオン交換体中のイオンの構造に関する研究が進み、水の寄与が明らかになりつつあります。それによると、イオン交換樹脂の場合、陰イオンでは部分的に水が外れて、イオン交換基と陰イオンが直接相互作用していること、陽イオンでも同様の傾向があるものの、イオン周りの水はほとんど残っており、水が付いたまま相互作用しているイオンの割合が多いことなどがわかってきました。つまり、陰イオンと陽イオンでは、イオンの大きさとイオン交換選択性の関係は似ているものの、分子レベルのイオン交換過程は異なることが示唆されています。

イオン交換樹脂を構成する有機高分子は軟らかい構造をもつために、イオンは溶媒を連れてイオン交換樹脂内部に浸透できますが、無機イオン交換体はより剛直な構造をもちますので、水が外れて裸のイオンが取り込まれることもあります。水が外れるほどイオン間の分離が良くなることが知られています。

イオン交換分離には水とイオンの相互作用が重要なのです。

第2章

イオン交換体で「水」を作る

Cl⁻
H⁺
Na⁺
ClO₄⁻
OH⁻
NO₃⁻
Zn²⁺
Ca²⁺
SO₄²⁻

13 超純水を作るイオン交換

イオン交換は最先端半導体を支える

水中の全ての不純物を極限まで取り除いた水を「超純水」と呼んでいます。東京ドーム1杯分の超純水に含まれる不純物の量は角砂糖1個分に相当します。一切の不純物を含まない超純水は、普通の水と異なり電気を通さない性質があります。また、超純水と接触したものから不純物を抽出する能力が非常に高い特徴があります。

超純水の特徴を活かして、超LSIなどの最先端半導体の製造で半導体を洗浄するために使われています。超純水を使って洗浄することで、半導体の清浄度が高くなって半導体の品質が安定・向上します。その他に超純水は、発電所の発電用の蒸気発生、医薬品の製造や超精密化学分析などでも利用されています。

超純水は、湖沼水や河川水、井戸水などの天然水から作られます。天然水中には、微生物、微粒子、金属、イオン類や有機物などの不純物が含まれます。超純水を製造するために、凝集処理、膜処理、イオン交換などのいろいろな不純物除去手段を組み合わせて、これらの不純物を水中から除去しています。特にイオン交換は、超純水を製造する上で特に重要な技術となっています。超純水製造装置の中では、合成高分子のイオン交換樹脂がイオン交換の役割を担っています。

イオン交換樹脂は、水に溶けている金属やイオン成分を効率よく除去することができます。プラスの荷電をもつ陽イオンを除去する陽イオン交換樹脂と、陰イオンを除去する陰イオン交換樹脂を組み合わせて除去を行います。イオン交換樹脂は、水中のイオン類をppt（1兆分の1）以下まで除去することができます。超純水を製造するために使われるイオン交換樹脂は、少しでも異物や汚れがあると超純水を汚染してしまうため、高度な精製が行われています。

要点BOX
- ●超純水は不純物を一切含まない水
- ●イオン交換樹脂が超純水製造の中心的役割
- ●超純水を作るイオン交換樹脂も超清浄

超純水中の不純物

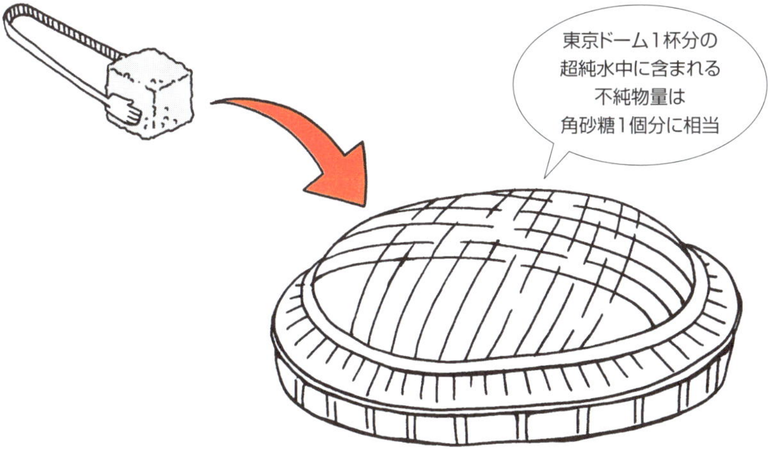
東京ドーム1杯分の
超純水中に含まれる
不純物量は
角砂糖1個分に相当

超純水用超クリーンイオン交換樹脂

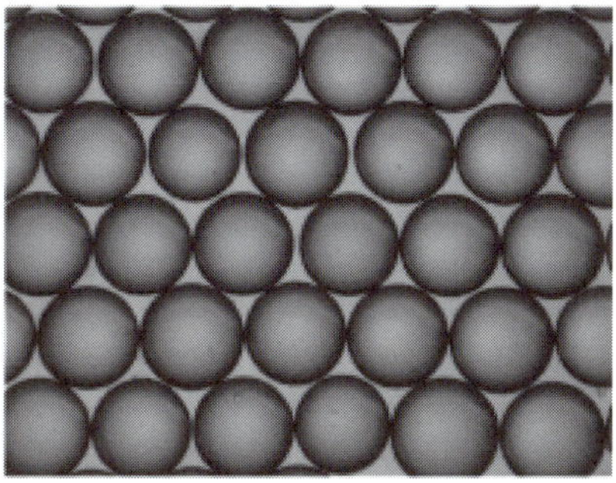

陰イオン交換樹脂
（アンバージェット　ESP）

イオン交換装置

14 超純水は何に使う？

不純物を含まないのがメリット

超純水は、半導体や薄型テレビ（液晶、有機ELなど）の製造、発電、そして医薬品製造など様々な分野で使われています。

その中でもっとも多く使われるのは、半導体や液晶テレビの製造工程の1つである洗浄工程です。半導体とは、パソコンや携帯電話などで使われるCPUやメモリと呼ばれている部品で、素子1つ1つは非常に小さく、お互いをつなぐ線の幅は最小で約20㎚（1㎜の10万分の1）にもなり、ゴミや汚れを非常に嫌います。そこで、酸やアルカリを用いたRCA洗浄とよばれる方法でウェハを洗います。超純水は、その薬品をリンスするために使われます。何も含まない超純水でリンスしシリコンウェハ表面に汚れやゴミを残さないようにします。このことは薄型テレビを作るときも同じです。また、半導体製品ができるまでシリコンウェハは400回以上も洗浄されるので、超純水が大量に必要となります。

火力・原子力発電所でも超純水は使われています。電気を作るために大量の高温の水蒸気を使って発電します。その蒸気に不純物が含まれていた場合、配管を塞ぎ蒸気の通りを悪くします。また、原子力発電では冷却水としても使われます。もし冷却水中に不純物が含まれていたら、原子炉から出る放射線と反応し新しい放射能性物質を作ってしまうので、何も不純物を含まない超純水が必要なのです。

医薬品の分野では、注射液として用いられています。病院などでよく見かける注射液が入っている瓶の中身のほとんどは超純水です。注射液の有効成分はもちろん薬品自身ですが、それを超純水に溶かすことで注射液となります。注射液は注射器を通して直接体内に入るので、不純物が含まれていたら病気になってしまうかもしれません。

このように超純水は様々な分野で使われています。

要点BOX

- 不純物を含まないのでリンスに最適
- 不純物を含まないので安心して体内に入れられる

シリコンウェハの洗浄

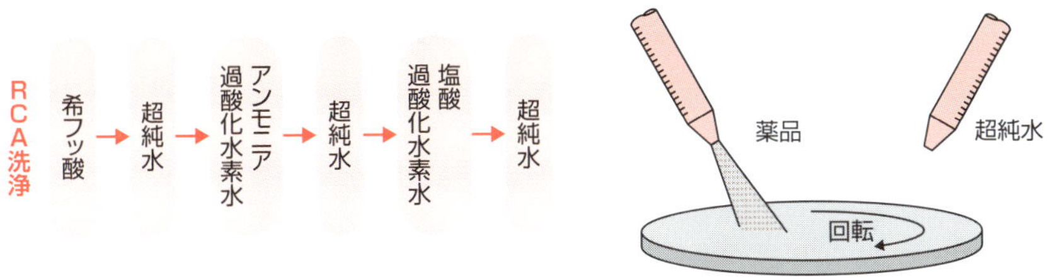
RCA洗浄
希フッ酸
超純水
アンモニア過酸化水素水
超純水
塩酸過酸化水素水
超純水
薬品
超純水
回転

配管スケール

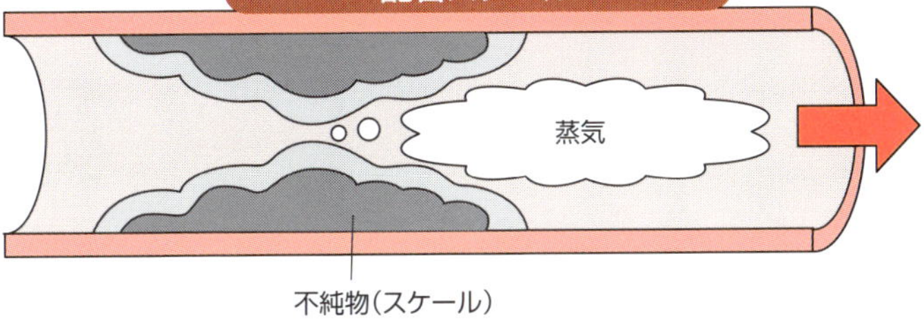
蒸気
不純物（スケール）

超純水の含まれる注射液

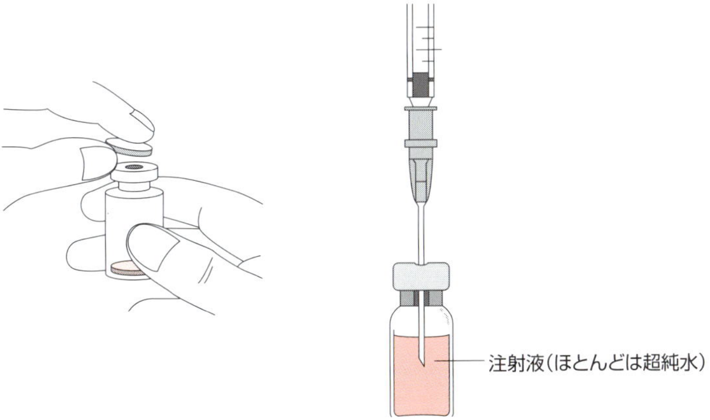
注射液（ほとんどは超純水）

15 超純水を分析してみよう

超純水を汚染する要因

超純水に含まれる不純物濃度は1ppt（1兆分の1）レベルであり、水道水に含まれる不純物濃度100PPmに比べると1億分の1程度です。このような低濃度を分析するために、金属成分の分析として誘導結合プラズマ質量分析法（ICP-MS法）、非金属成分の分析としてイオンクロマトグラフィーが用いられます。

実際に超純水を分析するには、①超純水の採取、②採取した超純水の搬送、③搬送された超純水を分析機器で分析、の3つの過程が必要です。超純水の分析では、それぞれの過程の様々な汚染要因からどれだけ不純物の混入を防止するかが重要です。

超純水の採取では、環境雰囲気に含まれるガスや微粒子の汚染や、採取する人体からの汚染が主な要因になります。採取している人の息が超純水にかかって汚染していたというような笑い話もあります。

超純水の搬送では、搬送中に容器を透過するわずかなガスによる汚染と、容器自体に含まれる不純物の溶出も影響します。市販されている各メーカーのPE（ポリエチレン）製容器3種、PFA（フッ素樹脂）製容器2種について、純水による金属の加速溶出試験を実施した結果をグラフに示します。素材による違いだけでなく、同じ素材でもメーカーによって金属溶出に違いがあるので注意が必要です。

超純水を分析機器で分析するには、高価な高純度薬品や、対象となる超純水よりきれいな超純水を用意することはもちろんのこと、分析機器自体からの溶出（濃度の高い試料を分析した時には徹底的に洗浄する）にも注意する必要があります。また、環境雰囲気からの汚染を防止するために、クリーンルーム内で分析作業を行う必要がある場合もあります。

超純水の分析では、汚染要因を把握し、分析項目に適した防止策を選択することが重要となります。

要点BOX
- ●超純水分析は汚染防止が重要
- ●原因を把握して分析項目に適した防止策を

超純水に含まれる不純物イメージ

超純水
純水
水道水
1ppt
1ppb
100 ppm
1000分の1個
1個
10万個
50 mプール(50 m × 20 m × 1 m)に
角砂糖を溶かしたとすると…
角砂糖

超純水分析の過程と主な汚染要因

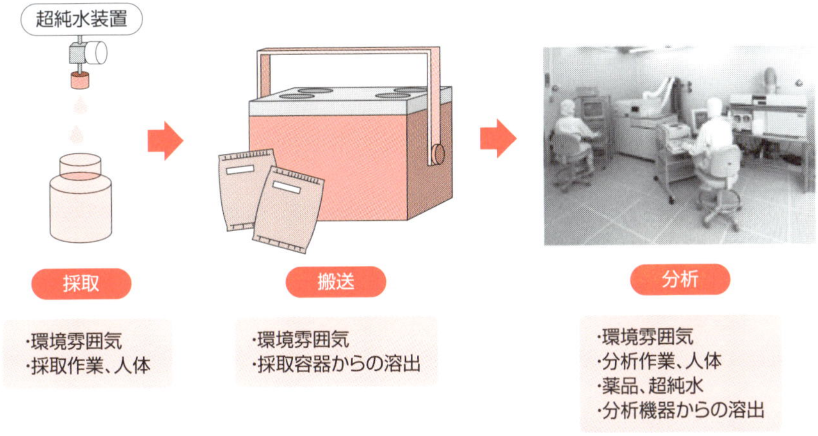
超純水装置
採取
搬送
分析
・環境雰囲気
・採取作業、人体
・環境雰囲気
・採取容器からの溶出
・環境雰囲気
・分析作業、人体
・薬品、超純水
・分析機器からの溶出

採取容器からの金属溶出試験結果

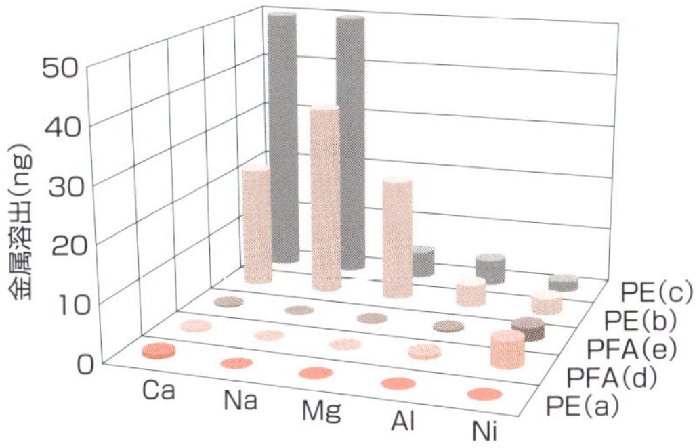
金属溶出(ng)
50
40
30
20
10
0
Ca
Na
Mg
Al
Ni
PE(c)
PE(b)
PFA(e)
PFA(d)
PE(a)

出典：
吉田知香， 野村有宏， 遠藤睦子:
分析化学(BUNSEKI KAGAKU),
Vol. 59, No. 5, 2010, 353.

16 軟水化技術

高純度軟水の利用法は様々

暮らしの水をさかのぼれば、不純物をほとんど含まない雨水や雪解け水が大地にしみ込み、川となって流れる過程で地層の成分が少しずつ溶け込み各種の成分を含むようになります。そして、これらの水が私たちの家庭や事業所に運ばれてきます。このようにして水中に溶け込んだカルシウムやマグネシウムなどは硬度成分とも呼ばれ、これらを多く含む水を「硬水」、少ない水を「軟水」と呼びます。地域や季節によって水の硬度に大きな差があるのは、大地を形成している物質や水の滞留時間が異なるためです。

一般に日本の水は軟水であるといわれ、WHOの区分では「軟水～中程度の硬水」に該当します。一方軟水器で作られる軟水は、硬度成分を1㎎／L未満しか含まない、いわば「高純度軟水」です。この高純度軟水は、一般的な軟水に比べ優れた機能を有しており、様々な分野で利用されています。高純度軟水はイオン交換を利用して作られます。

水中の硬度成分は、ボイラーや熱交換器などの伝熱面に付着して、熱伝導を阻害して熱効率を悪化させ、さらに伝熱面の過熱による破損、流路閉塞などによって装置寿命を縮めます。高純度軟水を用いることにより、この硬度成分の付着を予防できます。

他にも、高純度軟水を洗浄に用いると、硬度成分と洗剤・皮脂とが結びついてできる金属石鹸の生成が防止され、衣類の黄ばみ防止や洗剤使用量の低減ができます。浴場で高純度軟水を用いると、浴槽の汚れや黒かびの生成を抑制でき、さらに美容面では肌の新陳代謝の活発化や保湿効果も高まります。最近では、皮膚アレルギー（アトピー症状）の緩和にも有効との研究成果も発表されています。

硬度成分の多い欧米では、熱機器を保護するために古くから一般家庭でも軟水器が使われています。近年では日本でも高純度軟水のもつ様々な機能が見直され、家庭でも使われています。

要点BOX
- ●軟水器で造る高純度軟水は硬度1 mg/L未満
- ●高純度軟水は産業分野で広く使われている

日本の水の硬度マップ

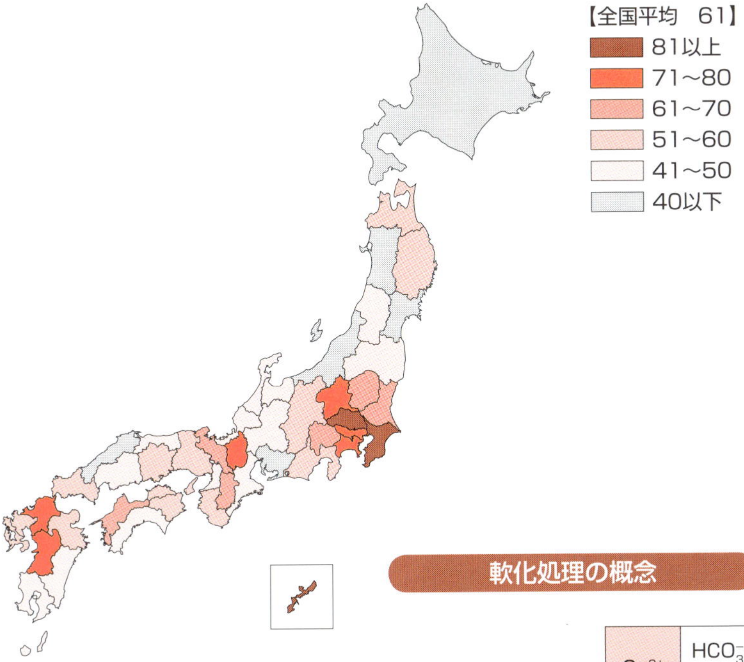
【全国平均　61】
81以上
71～80
61～70
51～60
41～50
40以下

WHOの区分

軟水	0～60 mg/L未満
中程度の硬水	60～120 mg/L未満
硬水	120～180 mg/L未満
非常な硬水	180 mg/L以上

高純度軟水の効用例

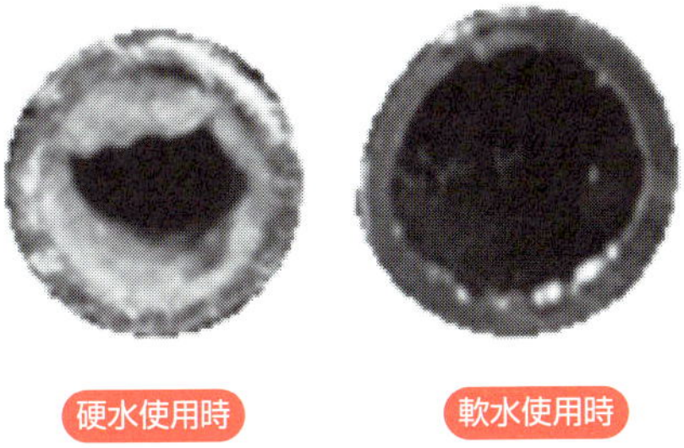
硬水使用時
軟水使用時

給湯器の銅配管スケール

軟化処理の概念

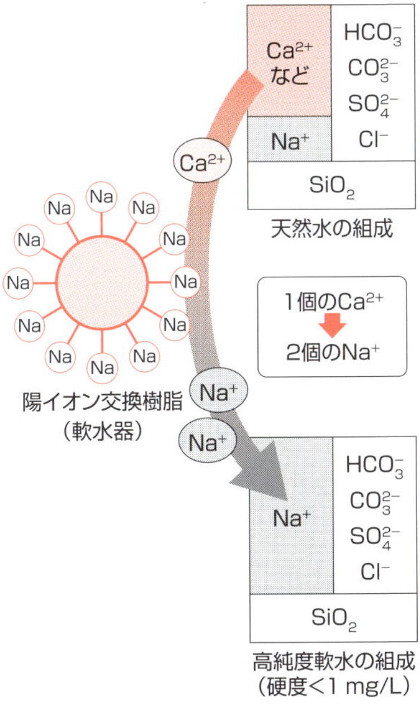
Ca^{2+} など
HCO_3^-
CO_3^{2-}
SO_4^{2-}
Na^+
Cl^-
SiO_2
天然水の組成
Ca^{2+}
Na
陽イオン交換樹脂
（軟水器）
1個のCa^{2+}
2個のNa^+
Na^+
Na^+
Na^+
HCO_3^-
CO_3^{2-}
SO_4^{2-}
Cl^-
SiO_2
高純度軟水の組成
（硬度<1 mg/L）

資料提供：三浦工業（株）

17 電気透析法

イオン交換膜で脱塩と濃縮

イオン交換膜を用いた電気透析法は、電気の働きで水溶液中のイオン性物質を分ける分離技術です。イオン性物質を除いたり濃縮したりすることができ、人の生活に身近なところで活躍している技術です。

日常、皆さんが食している食塩の多くは、海水を電気透析法で濃縮して作られています。また、食品分野では、粉ミルク、オリゴ糖、減塩醤油、ジュース、お酒、そしてワインも電気透析法で処理されたものがたくさん市中に出回っています。さらに、飲料水から超純水に至るいろいろなケースの造水や、汚染水や工場廃水の浄化といった環境分野においても利用されているのです。電気透析法は、人にも優しく環境にも優しい身近なテクノロジーなのです。

電気透析には、イオン交換膜を積層してプレスしたフィルタープレス型の電気透析槽が一般に用いられます。電気透析槽は、1対の電極間に陽イオン交換膜と陰イオン交換膜を交互に配列した構造で、希釈室、濃縮室、陽極室、陰極室から構成されています。この電気透析槽に溶液を供給して電極間に直流の電気を流すと、希釈室中の陰イオンは陽極側に引き寄せられ陰イオン交換膜を透過して濃縮室に移動し、一方、陽イオンは陰極側に引き寄せられて陽イオン交換膜を透過して濃縮室に移動します。その結果、希釈室ではイオン性物質が除去され、同時に濃縮室ではイオン性物質が濃縮されます。これが電気透析の基本原理です。

電気透析法の特徴として、①イオン性物質を選択的にすばやく除去・濃縮・精製・回収できる、②加熱・加圧しない分離法のため成分の変化が生じ難い、③非イオン性物質をイオン性物質と分離できる、④運転圧力が低いため設備が扱いやすい、などが挙げられます。また、特殊なイオン交換膜を使うことにより、特定のイオンを選択的に除去したり濃縮したりすることも可能です。

要点BOX
- ●電気の働きでイオンを分離
- ●イオン交換膜を用いた電気透析で脱塩と濃縮

電気透析法の原理

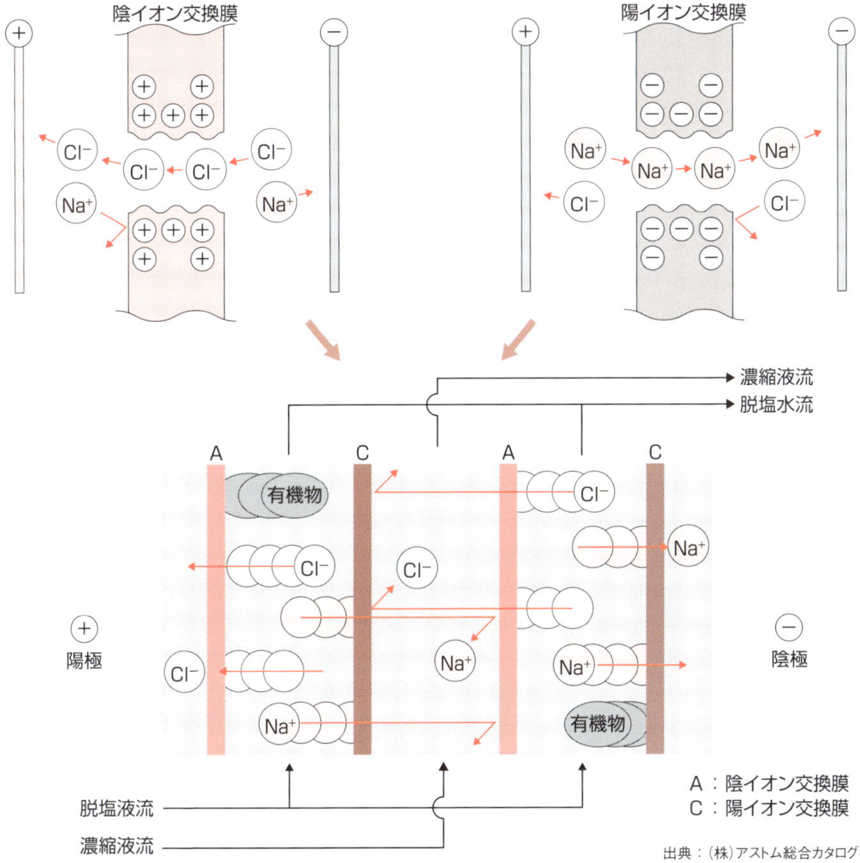
陰イオン交換膜
陽イオン交換膜
Cl⁻
Na⁺
濃縮液流
脱塩水流
A
C
有機物
陽極
陰極
脱塩液流
濃縮液流
A：陰イオン交換膜
C：陽イオン交換膜

出典：(株)アストム総合カタログ

電気透析装置

出典：(株)アストム総合カタログ

18 海水淡水化に使われる逆浸透法

膜を用いて水に溶けた塩類を除く

セロファンのような半透膜で濃厚水溶液と希薄水溶液とを仕切ると、2つの溶液は同じ濃度になろうとしますが、セロファンが水しか通さないために希薄溶液中の水が濃厚溶液側に移動し、2つの溶液間に水圧の差を生じます。濃厚溶液側にこの圧力差以上の圧力を加えると、濃厚溶液側から水が絞り出されてくる現象が見られます。この現象を「逆浸透」と呼んでいます。かつてアメリカでこの方法の可能性について様々な材料が試されましたが、高圧をかけて絞り出しても水の透過量はわずかで実用になりませんでした。しかし、全体は多孔性で表面にのみ薄い緻密層をもつ非対称膜が1963年に開発され、この方法は一気に実用化に向かいました。

この方法のように膜を用いて様々な物質を分ける方法を「膜分離法」と呼んでいます。膜分離法には電位差や濃度差を用いて物質を移動させる方法がありますが、逆浸透法は圧力を用いて物質を移動させる「ろ過法」の一種です。ろ過法には、ろ紙を用いるろ過法、孔径10～0.01㎛のメンブランフィルターを用いる精密ろ過法、さらに孔径の小さな膜で水溶性高分子を分ける限外ろ過法、最も孔径の小さな膜でイオンを分ける逆浸透法に分類されます。一般的なろ過では自重により溶媒が移動しますが、精密ろ過では透過液側を減圧することによって1気圧の圧力差を生じさせます。限外ろ過と逆浸透ではさらに高い圧力を原液側にかけます。

以前は数十気圧の圧力差をかけていましたが、膜が改良され10気圧程度でも大きな水の流束と高い塩の除去率が得られています。この膜は電子顕微鏡でも見えない小さな孔があいていますが、孔にはイオンの透過を妨げて水のみを通す性質が必要であり、孔の表面にイオン交換基を持つ膜も使われます。逆浸透法は海水の脱塩だけでなく、廃水処理、食品の製造、純水製造過程などで広く使われています。

要点BOX

- ●圧力をかけて水を絞り出す
- ●耐圧性と高い水透過性の両立が必要

逆浸透法の原理

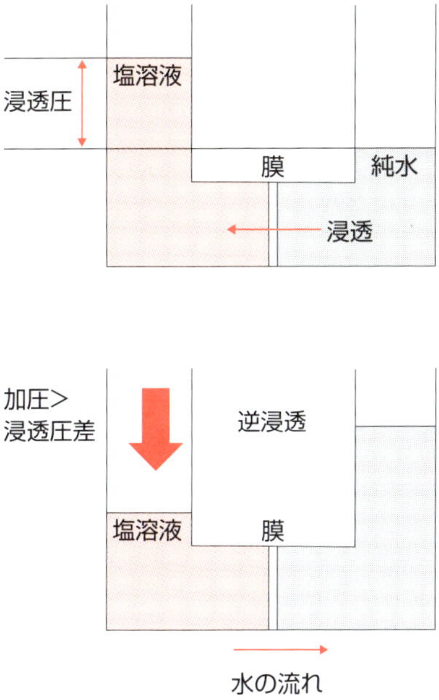
塩溶液
浸透圧
膜
純水
浸透
加圧>
浸透圧差
逆浸透
塩溶液
膜
水の流れ

非対称膜の構造模式図

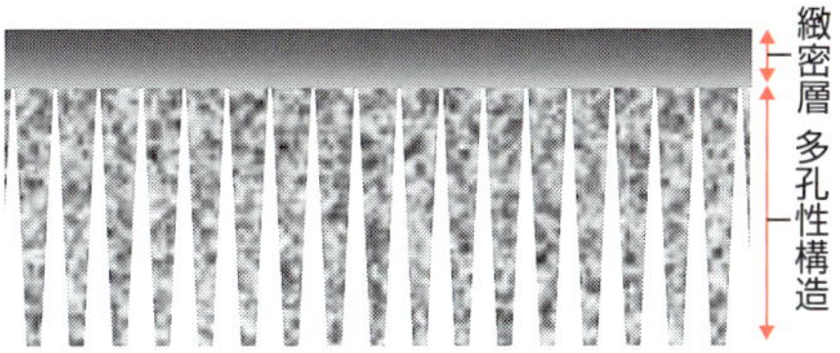
緻密層
多孔性構造

塩溶液に接する表面の緻密層で分離、
多孔性構造で緻密層を支えます。

膜孔表面水和層による イオン排除の模式図

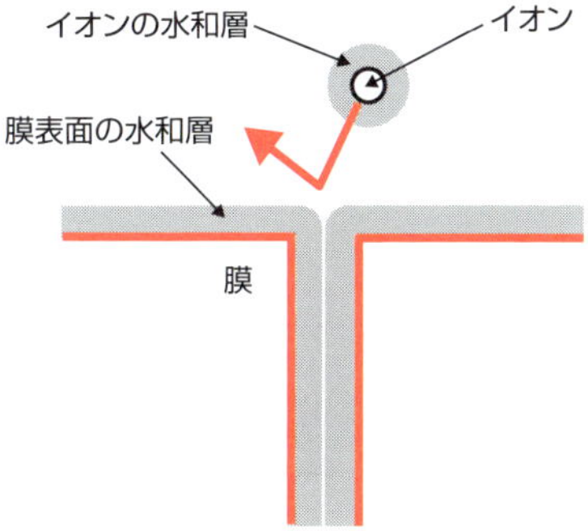
イオンの水和層
イオン
膜表面の水和層
膜

ろ過法の分類

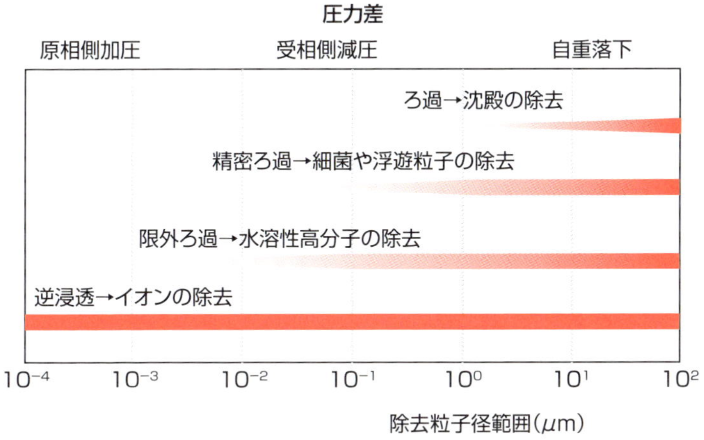
圧力差
原相側加圧
受相側減圧
自重落下
ろ過→沈殿の除去
精密ろ過→細菌や浮遊粒子の除去
限外ろ過→水溶性高分子の除去
逆浸透→イオンの除去
10⁻⁴
10⁻³
10⁻²
10⁻¹
10⁰
10¹
10²
除去粒子径範囲（μm）

19 モザイク荷電膜

脱塩を行う機能性分離膜

モザイク荷電膜は膜中に、カチオン性およびアニオン性のミクロドメインが膜表面から裏面に貫通し、モザイク状に互いに隣接した構造をもち、電解質は透過させるが、非電解質は透過させ難い特性をもっています。古くから研究され、脱塩などへの応用が期待されていましたが、膜の調製法が難しく、実験室レベルでの製造しか行われていませんでした。

大日精化工業は東京工業大学の福富兀教授（現・高知工科大学）の指導の下に、内部が架橋した球状のポリマー微粒子（ミクロゲル）を用いて、ミクロゲルのもつ等方性、集積性を利用することで貫通したイオンチャンネルを発現させることができることを見出し、簡便に大面積のモザイク荷電膜を製造することに成功しました。

モザイク荷電膜は一般に拡散透析による酸・アルカリの回収、脱塩などへの利用が可能です。脱塩システムの一例を図に示します。海水、廃液などを原水タンクに入れ、純水を透析水タンクに入れます。両者を膜を介して接触させることで、原水中の塩は透析水側に移動し、回収塩水となります。原水は脱塩され、脱塩水として回収されます。この時、原水中の非電解質や高分子量物質は膜を透過しないため、脱塩水側に含まれます。ここで、イオンは濃度の高い方から低い方へと移動します。これは、拡散による移動であり、移動に対する外部からのエネルギーを必要としない省エネルギー的プロセスであるといえます。

また、脱塩に際し、逆浸透膜法では溶質に圧力が、電気透析法では電圧がかかるのに対し、モザイク荷電膜法では外圧がほとんどかからず、発熱もしないため、溶質成分の変質が起こりにくく、圧および熱感受性の強い有機成分などの回収に適しています。

このような特徴から、廃水処理、食品製造、医薬品製造などの幅広い分野への利用が考えられます。

要点BOX

- モザイク荷電膜は、電解質は透過させるが非電解質は透過させ難い

透析実験装置

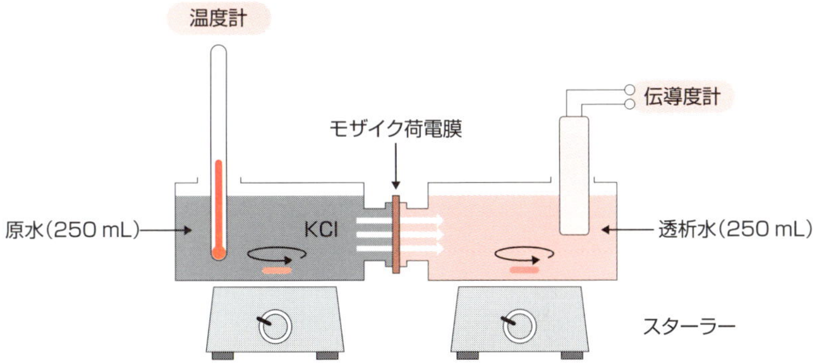
温度計
伝導度計
モザイク荷電膜
原水(250 mL)
KCl
透析水(250 mL)
スターラー

透析分離性能

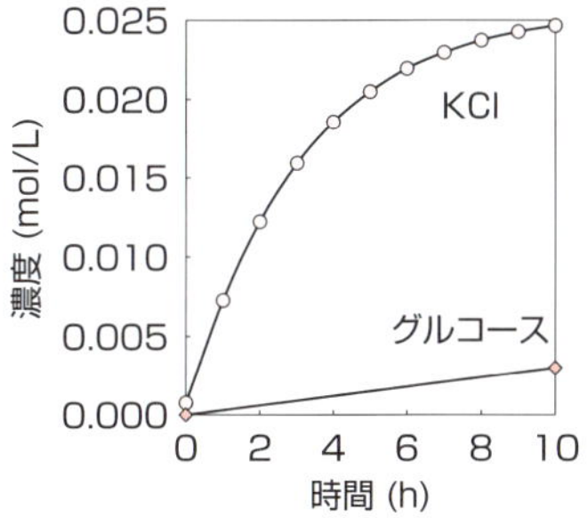
0.025
0.020
0.015
0.010
0.005
0.000
濃度 (mol/L)
KCl
グルコース
0
2
4
6
8
10
時間 (h)

上記装置を用いて、原水として0.05 mol/LのKClと0.05 mol/Lのグルコースを入れ、透析水に純水を入れた時の分離性能

モザイク荷電膜拡散透析装置

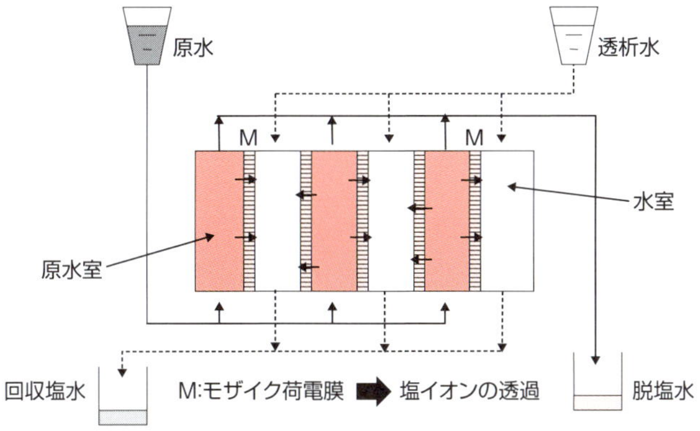
原水
透析水
M
M
水室
原水室
回収塩水
M:モザイク荷電膜
塩イオンの透過
脱塩水

用語解説

ミクロゲル：内部が架橋した球状のポリマー微粒子

20 海洋深層水透析

ミネラル分離は1価イオン選択透過性

海洋深層水は水深が200m以下の深海に分布し、表層海水と比較し低温性・富栄養塩・清浄性が特徴で、用途は以下のようなものがあります。

①低温性から食品加工や飼育用の冷却水、工場の空調の冷却用水。

②富栄養塩＋清浄性から養殖、タラソテラピー、温浴水。

③清浄性＋ミネラル成分から食料品への添加物、各種保存液。

海洋深層水のミネラル成分に着目し、分離技術が利用されています。蒸発法は、塩やにがり（苦汁）の製造に利用されています。脱塩や濃縮では、逆浸透法や電気透析法が利用されています。

左頁の上の表は、逆浸透法と電気透析法の比較を示しています。

逆浸透法は、海水の成分を変えずに脱塩と濃縮を行うことができます。

電気透析法は、ミネラル成分を含め成分の調整が可能な技術であり脱塩と濃縮を行うことができます。海水の製塩では、1価選択透過性膜の使用で濃縮水中のスケール成分を少なくし、海水を約7倍付近まで濃縮しています。

図は、電気透析法で1価選択透過性カチオン交換膜を使用した海洋深層水の脱塩挙動の例です。ミネラル（2価イオンのCa^{2+}やMg^{2+}イオンの硬度）成分を保持したまま、脱塩液中のNa^{+}を1000mg／L程度まで選択的に除去しています。

下の表には、海洋深層水とその脱塩組成の例を示します。

海洋深層水がクローズアップされ海水資源の価値が見直され、優れた分離技術を有する日本は、今後も海水の応用分野がさらに広がるものと期待されています。

要点BOX

- ●海洋深層水のミネラル成分の利用
- ●ミネラル成分の調整は電気透析が有効
- ●1価イオン選択透過性膜がカギ

逆浸透法と電気透析法の比較

<table>
<tr><th></th><th colspan="2">方式</th><th>特徴</th><th>用途</th></tr>
<tr><td rowspan="2">逆浸透</td><td colspan="2">脱塩水（淡水）</td><td>ミネラル含め塩分が少ない</td><td>飲料水や化粧品の原料</td></tr>
<tr><td colspan="2">濃縮水</td><td>海水成分のまま約2倍濃縮</td><td>塩代替の食品添加物や塩製造の蒸発法原料</td></tr>
<tr><td rowspan="4">電気透析</td><td rowspan="2">一価選択性K膜／A膜[1)]</td><td>脱塩水</td><td>塩水で海水の約3～4倍濃縮</td><td>ミネラル補給水や希釈（市水や逆浸透淡水）して飲料水</td></tr>
<tr><td rowspan="3">濃縮水</td><td>塩水で海水の約3～4倍濃縮</td><td rowspan="2">塩代替の食品添加物や塩製造の蒸発法原料</td></tr>
<tr><td>一価選択性C膜／一価選択性A膜[1)]</td><td>製塩と同等成分の塩水で海水の約7倍濃縮</td></tr>
<tr><td>C膜／一価選択性A膜[1)]</td><td>ミネラルの多い塩水で海水の約3～4倍濃縮</td><td>上記用途に加え、にがり製造の原料</td></tr>
</table>

1）電気透析法では、2種類のイオン交換膜（陽イオン交換膜：C膜と陰イオン交換膜：A膜）を使用しま
また、両者ともに一価選択透過性膜と一般膜があります。

海洋深層水の脱塩組織の例

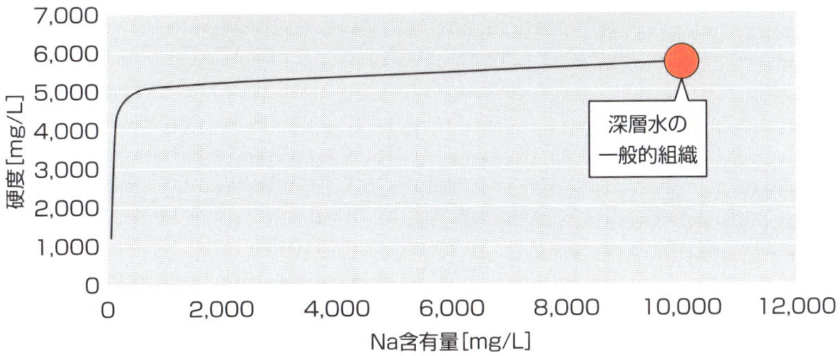

7,000
6,000
5,000
4,000
3,000
2,000
1,000
0
硬度[mg/L]
深層水の一般的組織
0
2,000
4,000
6,000
8,000
10,000
12,000
Na含有量[mg/L]

電気透析による海洋深層水の脱塩挙動の例

	海洋深層水	脱塩水
伝導率（mS／cm）	51.8	10.3
Na　（mg／L）	10,703	707
Ca　（mg／L）	415	393
Mg　（mg／L）	1,213	1,237
Cl　（mg／L）	18,620	3,390
SO_4　（mg／L）	2,936	2,979

Column

スーパーカミオカンデと超純水

スーパーカミオカンデは、岐阜県飛騨市の神岡鉱山の跡地にあります。元鉱山だった山の頂上から1000mの地下に直径40m、高さ40mのタンクが設置され、その中に5万トンの超純水がたたえられています。

ニュートリノは、地球さえ通り抜けてしまうぐらい透過力の高い素粒子ですが、水中を透過するときに稀に水分子中の電子に衝突して、その電子を弾き飛ばすことがあります。この弾き出された電子は、水中を高速で通過するとき、「チェレンコフ光」と呼ばれる青白い光を発します。チェレンコフ光を逃さず検出するために、タンク内面には直径50㎝の光電子倍増管が1万1146本くまなく配置されています。この光電子倍増管にタンク内で発生した微弱なチェレンコフ光を確実に到達させるため、タンク内には光の伝播を邪魔する水中の不純物を、イオン交換技術を中心とした各種不純物除去技術で極限まで高度に精製した超純水が使われているのです。

ナトリウム、カルシウム、マグネシウム、ウラン、硫酸イオン、塩化物イオンなどのイオンはイオン交換で除去されますが、天然水中に微量存在し放射線を放出してチェレンコフ光の測定を妨害するラドンはイオン交換で除去することができません。ラドンは、真空で脱気することにより超純水から除去されています。

このような高度な超純水製造技術が、小柴昌俊先生のノーベル物理学賞（2002年）の受賞対象となったニュートリノの検出を支えているのです。

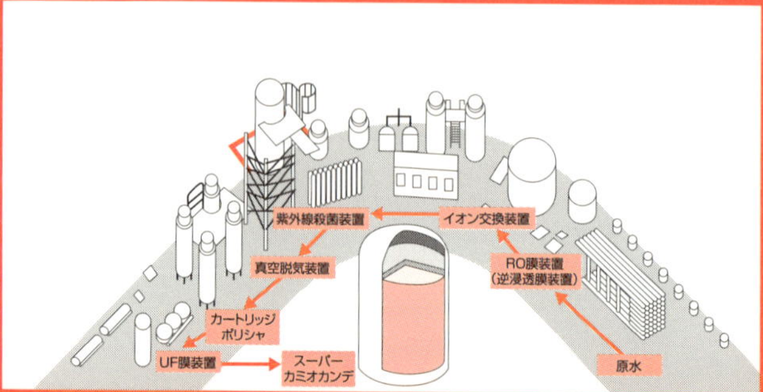
紫外線殺菌装置
イオン交換装置
真空脱気装置
RO膜装置
(逆浸透膜装置)
カートリッジ
ポリシャ
UF膜装置
スーパー
カミオカンデ
原水

第3章 イオン交換と生活

H+
Cl-
Na+
ClO4-
OH-
NO3-
Zn2+
Ca2+
SO42-

21 イオン交換膜で塩を作る

日本人の食生活をイオン交換膜が支える

人間の生命維持に欠かせない塩は、北米やヨーロッパなどでは岩塩を原料として、また、メキシコやオーストラリアなどの乾燥地帯では太陽と風の力を利用して塩田でつくられています。日本には岩塩層はなく、また、雨が多く多湿な気候であるため、塩田による塩づくりにも適していません。それでも、雨の比較的少ない瀬戸内地域を中心として塩田で塩はつくられてきました。塩を効率的につくるため、イオン交換膜を用いる海水濃縮技術などの様々な技術が開発され、1970年頃にはイオン交換膜法製塩が実用化されました。

この方法では、海水を二段砂ろ過器で清澄化した後、電気透析槽により3%程度の濃度の海水が15~18%まで濃縮され、さらに真空式多重効用蒸発缶へ送られ濃縮されると塩は析出します。析出した塩は脱水、必要に応じて乾燥され製品となります。また、自家発電設備が設置され、燃料の熱エネルギーは、電力、蒸気の形で効率よく利用されています。電気透析槽には面積1~2㎡の陽・陰イオン交換膜が0・5~0・75㎜間隔で交互に2000対程度積層されています。海水は陽・陰イオン交換膜で仕切られた部屋の1室おきに供給され、電気透析槽の両端に配した電極に電圧をかけることによりナトリウム、塩化物などのイオンが移動し濃縮されます。

製塩用のイオン交換膜は、補強布にスチレン系のモノマーを含浸させて重合した後、イオン交換基を導入する方法で合成されます。また、ナトリウムや塩化物イオンなどの1価イオンを効率的に透過させ、石膏スケールの元となるカルシウムや硫酸イオンなどの2価イオンを透過させにくいように膜の表面には緻密層や反対電荷層が設けられています。

このようなイオン交換膜を中心としたイオン交換膜法製塩は日本独自の技術であり、日本人の食生活を支えています。

要点BOX

- ●イオン交換膜で効率的に海水を濃縮
- ●1価イオン選択性をもつイオン交換膜を利用
- ●熱エネルギーを効率よく利用した製塩

イオン交換膜法製塩の工程図

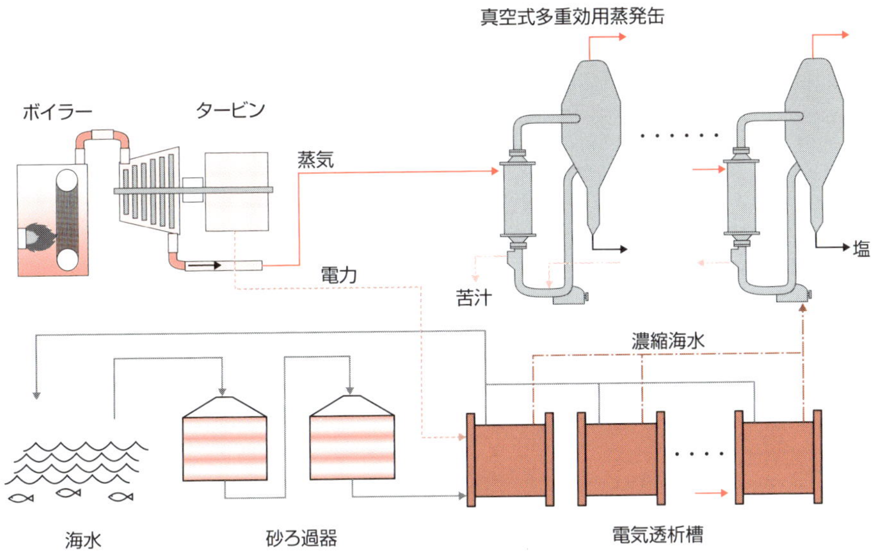
真空式多重効用蒸発缶
ボイラー
タービン
蒸気
電力
苦汁
塩
濃縮海水
海水
砂ろ過器
電気透析槽

電気透析槽の模式図

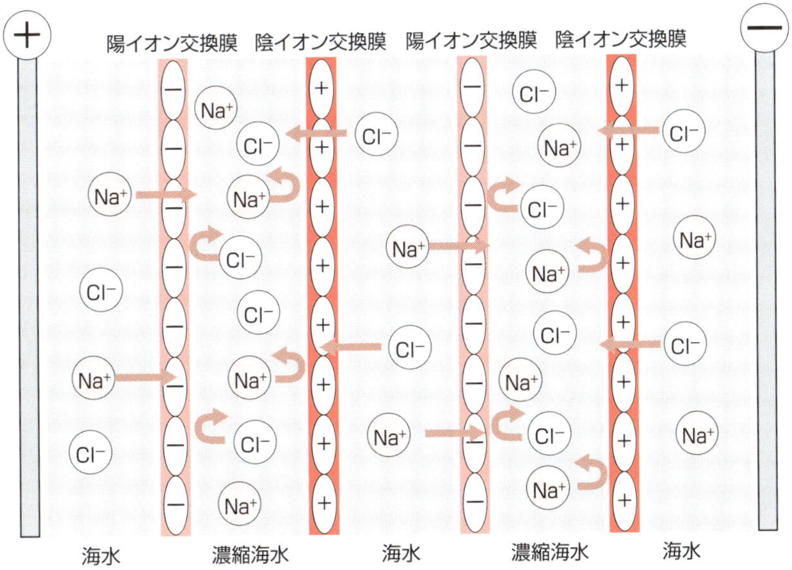
陽イオン交換膜
陰イオン交換膜
陽イオン交換膜
陰イオン交換膜
海水
濃縮海水
海水
濃縮海水
海水

22 焼酎とイオン交換

イオン交換樹脂で雑味除去

イオン交換樹脂はさまざまな食品溶液や飲料の精製に利用されており、なかでも焼酎の精製方法は、アルデヒド除去とイオン交換を組み合わせたユニークな技術です。イオン交換樹脂により精製された焼酎は雑味が除かれてすっきりとした味わいとなり、これらの商品が今日の焼酎ブームのきっかけとなっていると言っても過言ではありません。

焼酎は大まかには、連続蒸留によって造られる甲類焼酎と、単式蒸留によって造られる乙類焼酎（本格焼酎）とに分類されます。甲類焼酎のさっぱりとした風味に対し、本格焼酎は発酵液を1回しか蒸留しないために原料由来の香味が残った味わい深い飲み口となります。その反面、望ましくない成分も混入しやすく、味や香りが損なわれやすくなります。

好ましくない代表的な物質としては、二日酔い成分のアセトアルデヒドをはじめ、不快臭と酸味を呈する有機酸類、口当たりを左右するミネラルなどが挙げられます。本格焼酎の原酒をイオン交換樹脂に通液することにより、これら不純物が低減、除去された精製酒が得られます。

焼酎精製装置は、アルデヒド除去を目的とした陰イオン交換樹脂塔と、酸や塩類の除去を目的とした混床塔で構成されます。アルデヒドはイオンではないため、そのままの形ではイオン交換樹脂には吸着されません。ところが、アルデヒドは亜硫酸水素イオンと複合体を形成するため、亜硫酸水素イオンを予め吸着させた陰イオン交換樹脂層に原酒を通液すると、アルデヒドは亜硫酸との複合体として樹脂中に保持されます。後段の混床塔ではイオン成分や有機酸が吸着されます。また、フーゼル油や着色物質、色素前駆体なども一部樹脂に吸着されます。

最近は、樹脂の種類や組合せを工夫して好ましい芳香成分を残すなど、近年の嗜好の多様化に対応した新しい焼酎精製装置も開発されています。

要点BOX
●亜硫酸水素イオン形樹脂でアルデヒドを吸着
●混床樹脂で塩類、有機酸を除去

焼酎精製装置の構成

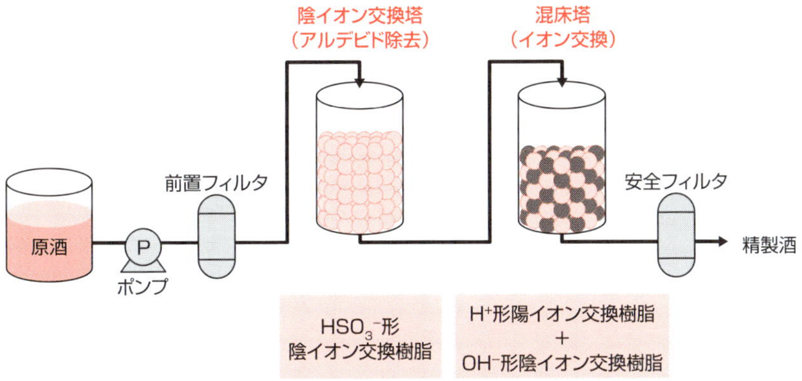

陰イオン交換塔
（アルデヒド除去）
混床塔
（イオン交換）
原酒
P
ポンプ
前置フィルタ
安全フィルタ
精製酒
HSO3−形
陰イオン交換樹脂
H+形陽イオン交換樹脂
+
OH−形陰イオン交換樹脂

イオン交換樹脂によるアルデヒド除去

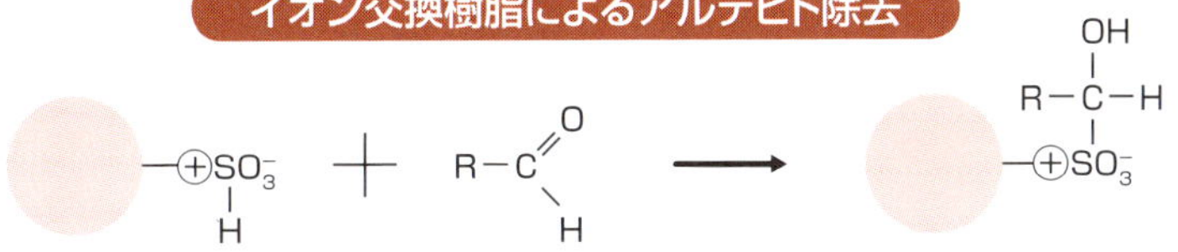

亜硫酸水素形
陰イオン交換樹脂
アルデヒド
アルデヒド−亜硫酸水素形
陰イオン交換樹脂

原酒と精製酒の分析例

	麦焼酎		米焼酎	
	原酒	精製酒	原酒	精製酒
アルコール (vol%)	25.4	25.3	37.5	37.3
酸度	0.65	0.11	0.55	0.10
pH	5.3	6.5	5.8	6.6
アセトアルデヒド (mg/L)	18.5	3.8	6.3	0.7
フルフラール (mg/L)	0.45	0.08		
1-プロパノール (mg/L)	140	117	258	217
i-ブタノール (mg/L)	170	131	305	224
i-アミルアルコール (mg/L)	927	450	582	448
酢酸エチル (mg/L)	50	41	86	28
全陽イオン ($mg\text{-}CaCO_3/L$)	50	0.8	38	0.9
全陰イオン ($mg\text{-}CaCO_3/L$)	45	1	43	1
電気伝導率 ($\mu S/cm$)	64.7	<1	55.4	<1

用語解説

混床：陽イオン交換樹脂と陰イオン交換樹脂を混合した樹脂層
フーゼル油：焼酎を製造する際に生成する高沸点の揮発性成分。主に炭素数3～6のアルコールや中鎖脂肪酸エステル

23 ワインの澱(おり)を取り除く

イオン交換膜を用いて酒石安定化

ワインの製造には、"澱引き(おりびき)"の工程があります。赤、白、ロゼなど全てのワインは発酵が終わった後、酵母や酒石などの澱が沈降するので、遠心分離、ろ過、静置などにより澱を取り除きます。さらに、輸送や保存期間中の温度変化によって酒石が半透明な結晶となって大量に析出することがあり、消費者からのクレームの対象となることから、その対策として、瓶詰め工程の直前にワイン中に溶解している酒石酸の一部を取り除く処理を行います。これを「酒石安定化処理」といいます。

酒石安定化処理は通常、冷却法によって行われています。冷却法は、その名の通りワインを冷却して強制的に澱を発生させた後にろ過して澱を取り除く方法です。しかし、冷却法はワイン全体を冷却する必要があるため冷却に要する消費電力が大きく、また、澱が析出するまでに数日から数週間の長い時間が必要なことから、大量のワイン処理に対しては効率的な良い方法とはいえません。

これらの問題点を解消するために開発されたのが、電気透析法によるワインの酒石安定化技術です。酒石の主成分である酒石酸とカリウムをイオン選択性のある分離膜(イオン交換膜)を使ってイオンの形で選択的に取り除きます。

電気透析法を酒石安定化へ適用する上で解決すべき技術的課題は、元のワインの風味を損なわないのはもちろんのこと、安全性の確保、酒石酸イオンを選択的に透過する膜の開発、ワイン中に含まれる有機物による膜の汚染対策などでした。

現在、ヨーロッパをはじめ南・北アメリカ、南アフリカ、中国など世界各地で装置が稼動しています。これまでの実績から、酒石安定化に必要な運転費用は、冷却法に対して平均で30～40%の低減効果のあることが確認されています。

要点BOX
- ●電気透析法でワイン中の酒石酸イオンを除去
- ●高効率な酒石安定化技術

ワイン酒石安定化用電気透析の原理

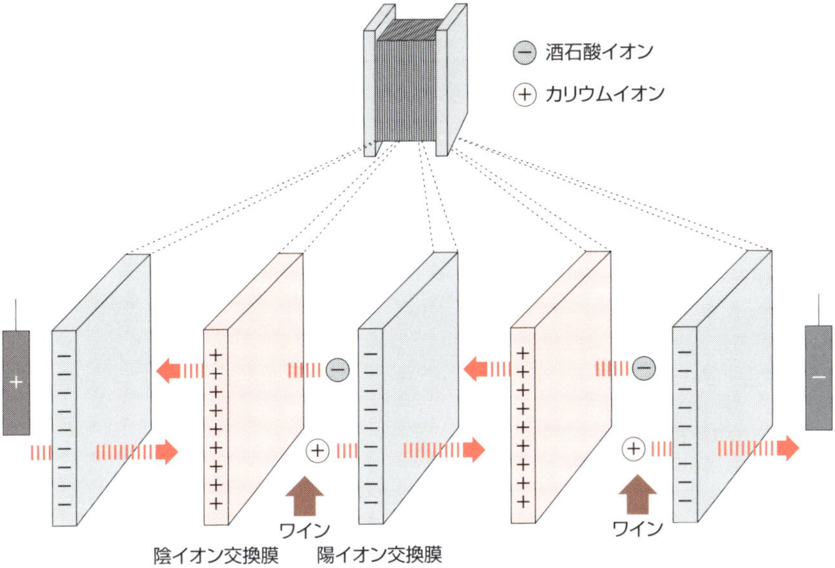
酒石酸イオン
カリウムイオン
+
−
ワイン
ワイン
陰イオン交換膜
陽イオン交換膜

電気透析槽ユニット（処理量：6 m^3 / hr）

24 アミノ酸の精製

アミノ酸の個性を利用して分ける

調味料でなじみの深いアミノ酸ですが、動物が合成できない必須アミノ酸を中心に、イオン交換による精製技術を使って大量に工業生産されています。

アミノ酸は、アミノ基とカルボキシル基を持つ両性電解質です。このアミノ基とカルボキシル基が、その時のpHによって、ある時は酸、またあるときは塩基として解離します。この性質を利用しpHを操作することによって、その時の解離の状態から、酸になっているときは陰イオン交換樹脂で、また、塩基になっているときは陽イオン交換樹脂で吸着できることになります。逆に、pHをずらすことによって、吸着させたアミノ酸をイオン交換樹脂から溶離することができます。

また、人体を作るタンパク質は、約20種類のアミノ酸から構成されていますが、このそれぞれのアミノ酸は、それぞれ異なった解離の仕方をします。これは、アミノ酸に含まれるアミノ基、カルボキシル基の数や、側鎖のRの部分の構造の違いからくるものです。

この原理とアミノ酸それぞれの個性を利用して、目的とするアミノ酸のみを得ることができることになります。アミノ酸を製造するための発酵培養液中には、目的外のアミノ酸や、さまざまな有機物、無機塩類などが含まれていますが、必要なアミノ酸を吸着するpH範囲と、不要なものを吸着しないpH範囲の中から適切な操作pHを選択することで効率的な精製プロセスが出来上がります。

発酵法で大量に生産されているL-リシンの製造プロセス例を図に示します。発酵液は、pHを下げた後、陽イオン交換樹脂に通液され、リシンは吸着されますが、その他の物質は、樹脂層を通過することで精製が行われます。その後、アンモニアでpHを上げることによりリシンは樹脂層から溶離されリシン塩酸塩が得られます。

要点BOX
- ●アミノ酸ごとにpHによる解離の仕方が異なる
- ●pHを操作することでイオン交換樹脂に目的のアミノ酸を吸着させる

アミノ酸のpHによる解離と、イオン交換樹脂への吸着

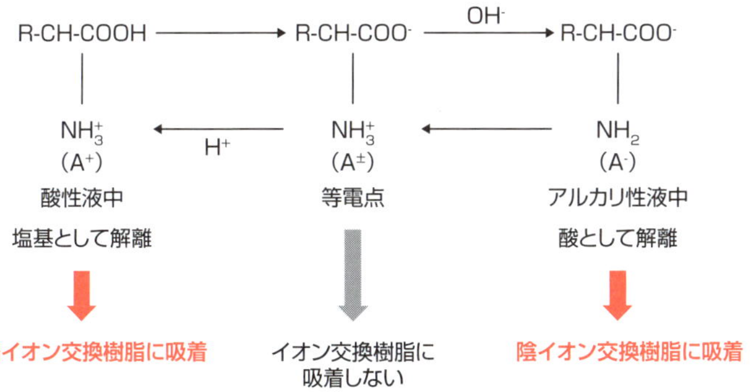
R-CH-COOH
R-CH-COO-
OH-
R-CH-COO-
NH3+
H+
NH3+
NH2
(A+)
(A±)
(A-)
酸性液中
塩基として解離
等電点
アルカリ性液中
酸として解離
陽イオン交換樹脂に吸着
イオン交換樹脂に
吸着しない
陰イオン交換樹脂に吸着

アミノ酸ごとに異なる解離の仕方

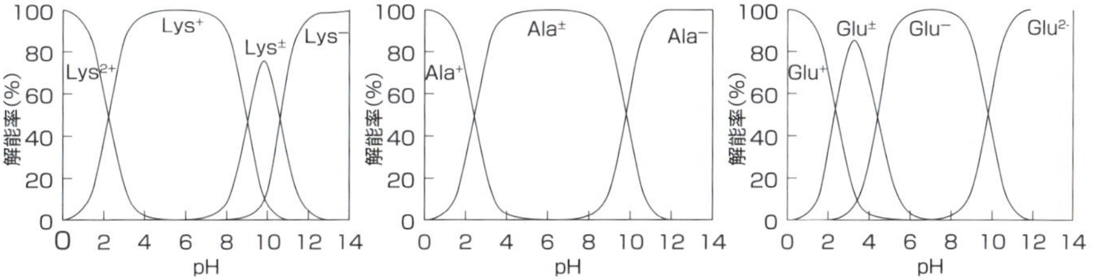
100
80
60
40
20
0
解離率(%)
0 2 4 6 8 10 12 14
pH
Lys2+
Lys+
Lys±
Lys−
Ala+
Ala±
Ala−
Glu+
Glu±
Glu−
Glu2-

リシン(塩基性アミノ酸)　アラニン(中性アミノ酸)　グルタミン酸(酸性アミノ酸)

L-リシン製造プロセス例

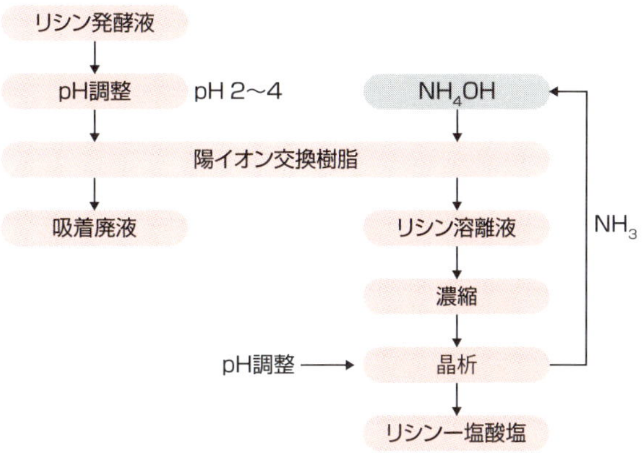
リシン発酵液
pH調整
pH 2〜4
NH4OH
陽イオン交換樹脂
吸着廃液
リシン溶離液
NH3
濃縮
pH調整
晶析
リシン一塩酸塩

25 抗菌デオドラント

銀の抗菌効果で体臭を防ぐ

銀食器に入れた水や食物が腐りにくいという事実から、銀は古くから抗菌性をもつことが知られていました。近年になり、その経験的な知見が科学的に証明され、金属のもつ抗菌性の中でも銀の抗菌性は水銀に次いで強いことが明らかにされたのです。しかしながら、銀は金属であり固体であるため、その抗菌効果を効率的に活かすことは困難でした。

銀をゼオライトに担持させた銀担持ゼオライトは、古くは旧日本軍が水の防腐に用いる研究を行ない、近年になり大学や企業などの研究機関により銀を利用した抗菌剤の研究・開発が進められました。その結果、抗菌効果を安定に発揮し、プラスチックの抗菌加工などを目的として、「銀・亜鉛・アンモニウム担持ゼオライト」(以下、銀担持ゼオライト)が開発されたのです。これは不溶性の白色粉末で、1985年頃より実用性の高い無機系抗菌剤として販売が開始されました。銀担持ゼオライトは、冷蔵庫をはじめとした家電製品、食品包材、繊維、水まわり用品、建築材料など、抗菌性が求められる用途に幅広く活用されています。また他にも銀の抗菌性を活用した無機系抗菌剤が開発されています。

一方、人体に使用する化粧品にも抗菌成分が使用される商品があります。一般にデオドラント製品と呼ばれる腋臭防止剤において重要な役割を果たしています。腋臭の発生は、腋の下の汗腺から分泌された汗中の有機物を皮膚上に存在する常在菌が栄養源として摂取し、その際に揮発性の脂肪酸などの臭い成分を発生させることによります。従来は有機系の抗菌成分が腋臭防止剤に使用されてきましたが、安定性に優れた抗菌性を発揮する「銀担持ゼオライト」を有効成分として配合することにより、高い腋臭防止効果とその持続性を保った、従来よりも高機能のデオドラント製品を実現することができます。

要点BOX

- ●銀担持ゼオライト
- ●高い抗菌性と安定性
- ●高機能のデオドラント製品

銀担持ゼオライトの構造

外観写真

電子顕微鏡写真

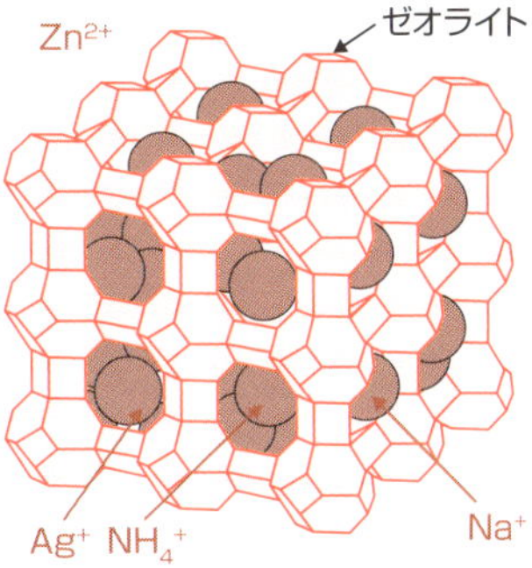
Zn^{2+}
ゼオライト
Ag^{+}
NH_4^{+}
Na^{+}

模式図

$$\alpha Ag_2O \cdot \beta ZnO \cdot \gamma (NH_4)_2 \cdot \delta Na_2O \cdot Al_2O_3 \cdot 2SiO_2 \cdot xH_2O$$

銀担持ゼオライト配合パウダースプレーの腋の下の常在菌に対する抗菌効果の測定例

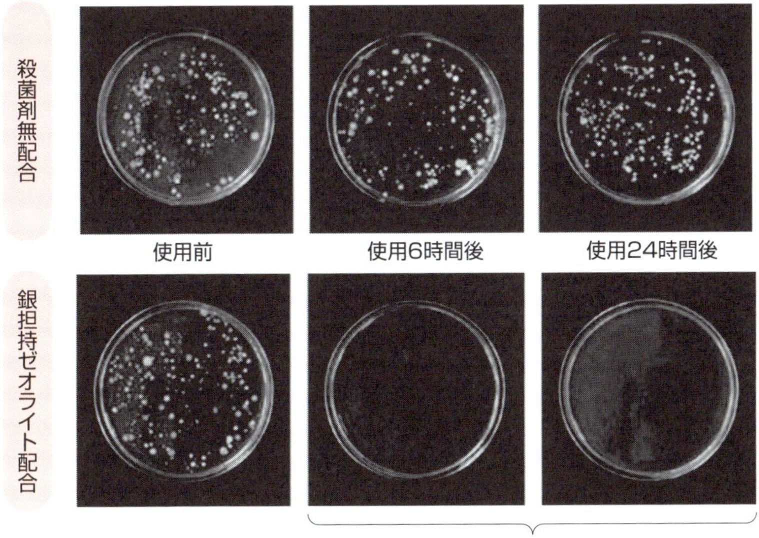
殺菌剤無配合
使用前
使用6時間後
使用24時間後
銀担持ゼオライト配合

高い抗菌効果とその持続性が確認できる

26 医薬品とイオン交換

電荷の相互作用でタンパク質を精製する

抗体などのタンパク質医薬品は、副作用が少なく効果が高いことから関心を集めていますが、医薬品として用いるためには、不要な不純物を徹底的に除去して高度に精製する必要があります。

タンパク質は酸性や塩基性の性質をもつ多くのアミノ酸を含み、一つのタンパク質は溶液中では正か負のどちらかに帯電している粒子のように振る舞います。このタンパク質のもつ電荷を利用してイオン交換クロマトグラフィーで精製します。

アミノ酸の電荷は溶液のpHによって変化するため、その総和であるタンパク質の電荷も溶液のpHに依存して変化します。pHが低くなるほどタンパク質の電荷は負から正に変化していきますが、このとき、タンパク質の電荷が中性になるpHがあり、この値をタンパク質の等電点（pI）と呼びます。

例えば、溶液のpHを目的の抗体タンパク質のpIより低く、不純物のpIより高くすると、抗体タンパク質は正に、不純物タンパク質は負に帯電します。この溶液を正の電荷をもった陰イオン交換クロマトグラフィーの担体に通液すると、不純物は担体に吸着し、抗体はそのまま通過するため、抗体タンパク質が精製された透過液が得られます。このように目的のタンパク質を透過液で回収して精製する方法をFlow Through Modeと呼びます。逆にこの溶液を、負の電荷をもった陽イオン交換クロマトグラフィーの担体に通液すると、今度は抗体が担体に吸着し、不純物はそのまま通過します。こうして目的のタンパク質を吸着してから後で溶出して回収する方法をBind and Elute Modeと呼びます。これら二つを使い分けて目的物質を精製するのにイオン交換の特徴がうまく活かされています。

イオン交換クロマトグラフィーは、シンプルな原理で効率的に目的のタンパク質を精製する方法として広く使われています。

要点BOX

- ●タンパク質の電荷はpHでコントロール
- ●シンプルなメカニズムで効率的なタンパク質精製

等電点をはさんでタンパク質の表面電荷は変化する変化する

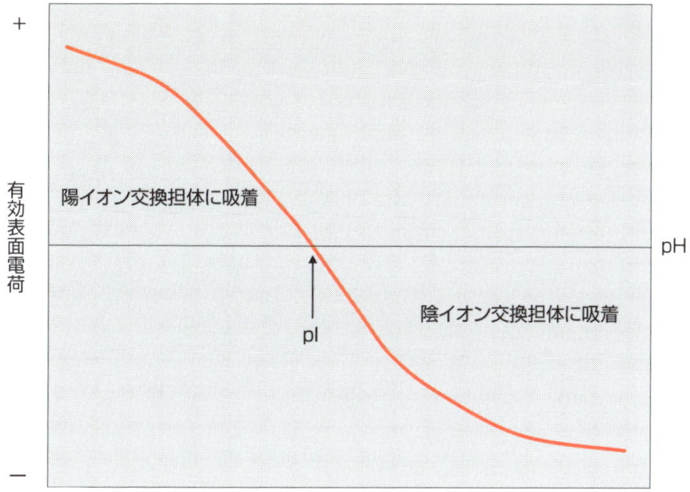

+
−
有効表面電荷
pH
陽イオン交換担体に吸着
陰イオン交換担体に吸着
pI

特定のタンパク質を透過あるいは吸着して精製する

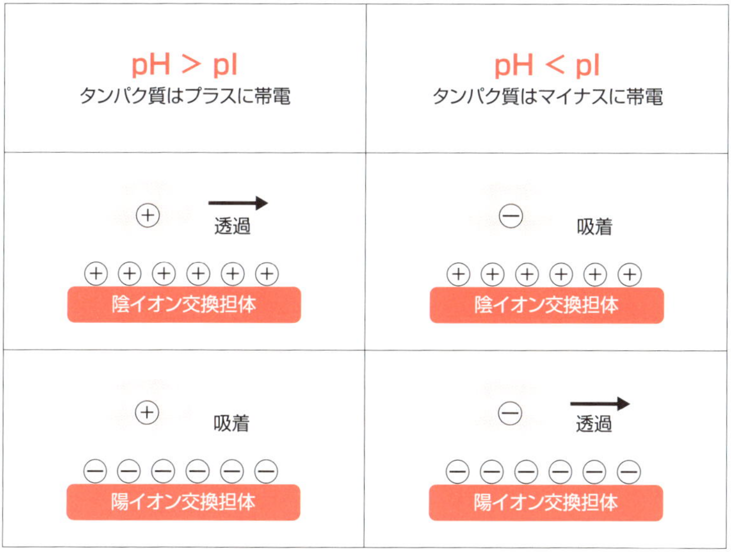

pH > pI
タンパク質はプラスに帯電
pH < pI
タンパク質はマイナスに帯電
透過
陰イオン交換担体
吸着
陰イオン交換担体
吸着
陽イオン交換担体
透過
陽イオン交換担体

27 薬物の経皮投与

イオントフォレシス

皮膚から薬物を投入する経皮投与法は、薬物が肝臓での初回通過効果を受けないこと、注射のように針による痛みがないなどの、他の投与法にはない特徴があります。しかし通常、薬物は皮膚から吸収されにくく、血中へ移行するまでに時間がかかるなどの欠点があります。この薬物吸収を妨害する皮膚の機能は角質層に由来しており、この機能は、生体からの水分の蒸散を防ぐことや体外からの異物侵入を防ぐために、皮膚に備わった本質的なものでもあります。そこで、薬物の角質層の移行速度を促進させ薬物を皮膚から体内に効率よく吸収させるための手法が考案され、研究が進められてきました。イオントフォレシスは、物理的吸収促進法の一つとして開発され、急速に進歩してきました。すでに米国では、イオントフォレシス用リドカイン局所製剤が市販されています。

このイオントフォレシスとは、皮膚に電流を流すことで電位勾配を与え、その電位勾配によりイオン性薬剤の皮膚透過性を向上させる方法です。陰極もしくは陽極としての2つのパッチを皮膚の離れた2点にそれぞれ貼付し、負に荷電している薬物（酸性薬物）なら陰極側に、正に荷電している薬物（塩基性薬物）なら陽極側に封入します。両方のパッチの電極をつなげ、電圧を負荷すると、角質層下にある表皮や真皮に電流が流れ、イオン性の薬物が皮膚に移行します。同時に、薬物と対をなすイオンが皮膚から電極に移行し、薬物とのイオン交換が成立します。また、もう一方のパッチでもイオン交換が引き起こされ、電気回路が成立します。

以上のように、原理的にはイオン性の薬物の吸収促進のために考案された方法ですが、電流とともに生じる水の流れを利用してインスリンなどのような生理活性ペプチドを投与する場合にも有効であると期待されています。

要点BOX
- ●皮膚から薬物を吸収させる経皮投与法の一種
- ●薬が肝臓での初回通過効果を受けにくい
- ●イオン交換技術の医療応用

皮膚の構造

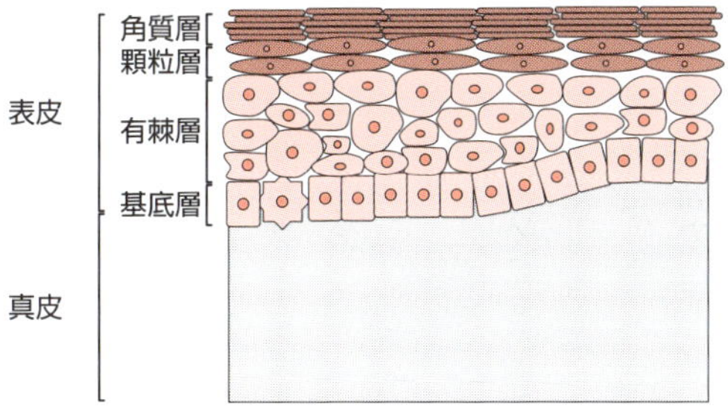

表皮
真皮
角質層
顆粒層
有棘層
基底層

イオントフォレシスのしくみ

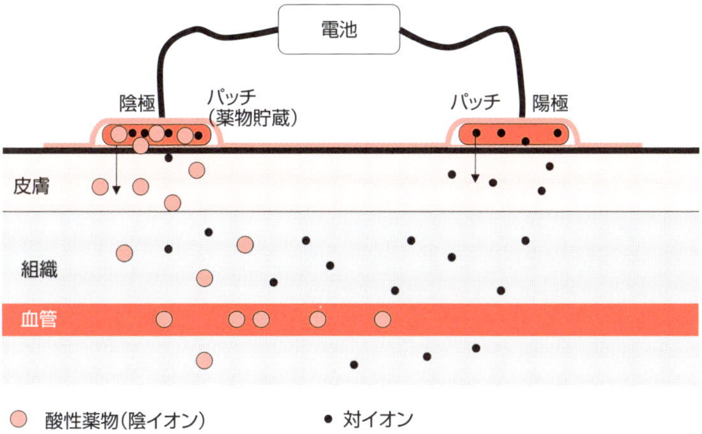

電池
陰極
パッチ
（薬物貯蔵）
パッチ
陽極
皮膚
組織
血管
酸性薬物（陰イオン）
対イオン

これまでイオントフォレシスの適用された薬物および応用例

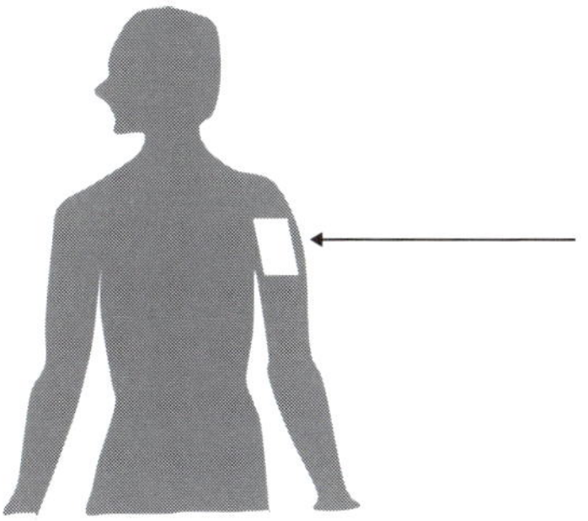

局所麻酔剤（リドカイン）
麻薬性鎮痛剤（フェンタニール）
ペプチド製剤（インスリン）
抗がん剤（5-Fu）
非ステロイド系抗炎症剤（インドメタシン）
グルコースモニタリング
多汗症治療（薬物は使用しない）
アスコルビン酸（ビタミンC：美容の面から急速に普及）

用語解説

初回通過効果：薬物が投与部位から肝臓を経て全身循環血に移行する過程で起こる分解や代謝のこと

28 層状化合物の医薬品への応用

DDSの開発をめざして

いくつかの層が折り重なった層状構造をもつ無機イオン交換体に粘土鉱物の仲間があります。その骨格は頑丈な構造をしているので壊れません。また、骨格に含まれる金属原子の置き換えでプラス（またはマイナス）の電価をもっています。この電荷を打ち消すために層間には陰イオン（または陽イオン）が電気的に結合をしています。このような層間交換性イオンがあるため、粘土鉱物はその層間にイオンや分子などを挿入することができます。これを「インターカレーション」と呼んでいます。

医薬品を粘土鉱物にインターカレートさせる理由は、酸化防止、湿気から守る、耐光性を高めるなどいろいろの効果が期待できます。また、コントロールド・リリースといわれる遅効性・徐放性など薬品の放出速度の制御、さらに目的とした部位で薬品を放出し作用させるドラッグ・デリバリー・システム（DDS）への応用研究も行われています。

左頁の図は層状複水酸化物（LDH）の合成法とインターカレーションの方法です。陰イオンとして存在している場合は比較的簡単にイオン交換法では、インターカレートすることができますが、非イオン性の分子は界面活性剤を添加してミセルに可溶化してイオン交換させる方法が取られます。また、カルボキシル基などがついている水溶性の分子は再構築法・共沈法でインターカレートすることができるので、多くの医薬品はこれらの方法での取り込みが検討されています。

ナトリウム型合成雲母というナトリウムイオンを交換性陽イオンとする粘土鉱物に脂質をインターカレートさせ、そこに薬品を導入するという三層構造の方法で陽イオン交換体がホスト化合物になることがわかりました。これからも多くの粘土鉱物が研究され、新しい機能をもった医薬品が開発されていくことでしょう。

要点BOX

- 層状粘土鉱物とインターカレーション
- 穏和な条件での合成
- コントロールド・リリース・リリースとDDS

LDH合成法

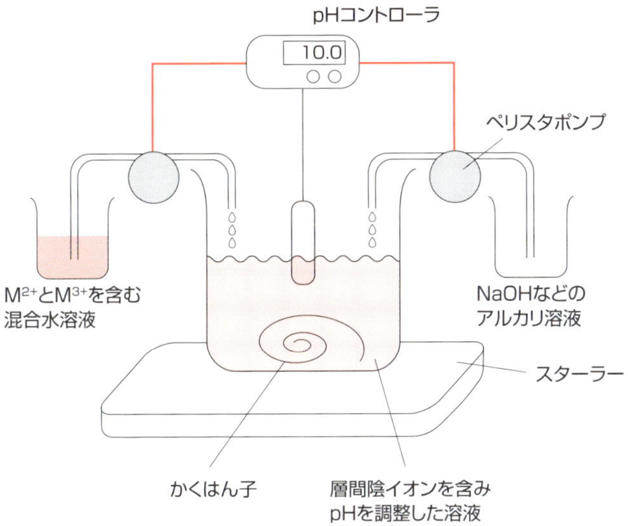
pHコントローラ
10.0
ペリスタポンプ
M2+とM3+を含む
混合水溶液
NaOHなどの
アルカリ溶液
スターラー
かくはん子
層間陰イオンを含み
pHを調整した溶液

2つのインターカレーション法

(a)イオン交換法

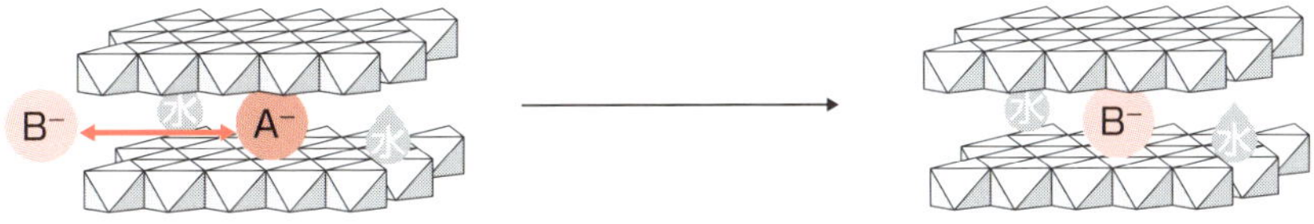
B−
水
A−
水
水
B−
水

(b)再構築法

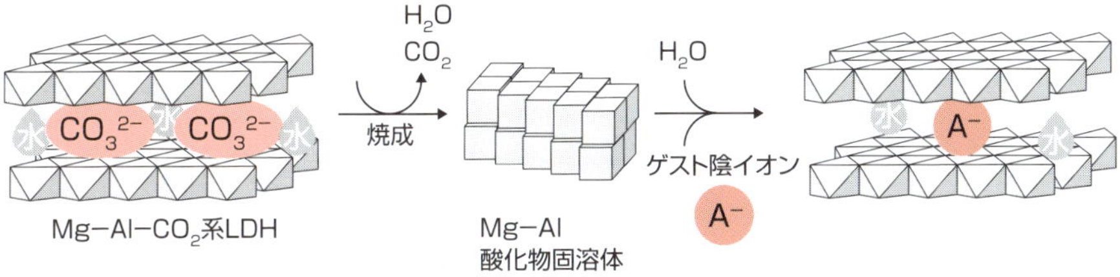
H2O
CO2
焼成
H2O
水
CO3 2−
CO3 2−
水
水
Mg−Al−CO2系LDH
Mg−Al
酸化物固溶体
ゲスト陰イオン
A−
水
A−
水

Column

日本の食卓塩

「敵に塩を送る」という諺があるように、塩は生活を送る上で欠かせないミネラルです。塩を生産するために、我が国には江戸時代から海水を蒸発させて作る塩田法がありました。しかし塩田法は、台風などの気象条件に左右され安定な供給に不安が残ります。そこで1971年に「塩業近代化に関する臨時処置法」が制定され、塩田は全面的に廃止され、イオン交換膜を用いる電気透析法による製塩が始まっています。

しかしながら電気透析で海水を濃縮しようとすると、マグネシウムや硫酸イオンのような多価イオンが先に濃縮され、イオン交換膜表面に沈着してしまいます。これを解決するために開発されたのが、一価イオンのみを選択的に通すイオン交換膜です。普通のイオン交換膜の表面に薄く反対電荷高分子をコーティングすることで、より静電反発の強い多価イオンが膜を通れなくなる原理を使っています。この技術革新により、日本では電気透析法による塩の安定供給が実現しました。

素晴らしい話ですが、注意すべき点もあります。昔の塩田法は海水を蒸発させる方法なので、マグネシウムやカルシウムなどのミネラル成分も一定の割合で含まれています。一方、電気透析法はその原理から、ナトリウムやカリウムなどの一価イオンの割合が塩田法よりも高くなっています。「自然塩」という言葉は定義が不明確で現在は使われていませんが、1997年の規制緩和で、塩田法による食塩も再び日本各地で製造されるようになりました。安定で安い食塩が得られるのはうれしいことですが、たまには違う製法の塩を試してみるのも悪くないかもしれません。

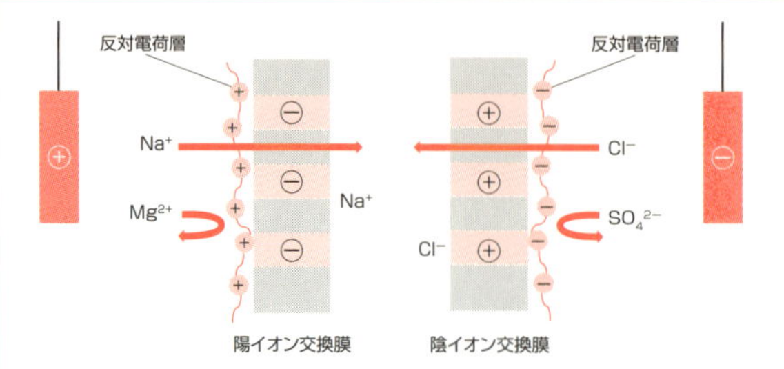
反対電荷層
反対電荷層
Na⁺
Cl⁻
Mg²⁺
Na⁺
SO₄²⁻
Cl⁻
陽イオン交換膜
陰イオン交換膜

電気透析法による海水からの食塩製造には、多価の電解質を排除する一価イオン選択透過膜が使われている。

第4章

産業の先端を支えるイオン交換

Cl⁻
H⁺
Na⁺
ClO₄⁻
OH⁻
NO₃⁻
Zn²⁺
Ca²⁺
SO₄²⁻

29 食塩電解

水銀法からイオン交換膜法へ

食塩電解は、食塩と水から、陽極で塩素、陰極では苛性ソーダと水素を生成する工業プロセスです。これら生成物のうち、塩素は塩化ビニル、ウレタン原料、ポリカーボネート原料、水道水の殺菌などに、苛性ソーダは洗剤の製造、紙・パルプの漂白、化学薬品の製造、食品加工、アルミナ精製などに用いられることから、化学工業の根幹を成すものとして現在社会では必要不可欠となっています。

食塩電解には水銀法、アスベスト隔膜法、イオン交換膜法がありますが、環境面や経済的優位性からイオン交換膜法が発展を続けています。日本国内では隔膜法が1915年に、水銀法は1916年に工場の操業を開始し、1965年には80％以上の苛性ソーダ生産は水銀法によるものでした。このような水銀法全盛期の中、有機水銀を原因とする公害問題により水銀法食塩電解の停止が決定されました。しかしながら、代替となる隔膜法は、生産される苛性ソーダが低濃度で濃縮工程が必要となることや、苛性ソーダ中に隔膜を透過して混入する塩の濃度が高く苛性ソーダ品質が劣ることから、水銀法を継続する諸外国との競争の観点も含め多くの問題を含んでいました。そこで注目されたのが、1940年代に概念が誕生していたイオン交換膜法でした。ところが、食塩電解で用いるためにはイオン交換膜の材質には塩素と苛性ソーダに接する環境下での耐久性が求められました。これに応えるものとして、スルホ基の層とカルボキシル基の層の2層からなるフッ素系イオン交換膜とそれを用いる電解槽が短期間に日本の技術者によって発明されました。

水銀法のみならず隔膜法からもイオン交換膜法への転換が続き、最終的に国内最後の水銀法電解工場は1986年、隔膜法は1999年に稼動を停止しました。海外でも経済的優位性からイオン交換膜法は増え続けています。

要点BOX

- ●イオン交換膜法食塩電解は日本で工業化
- ●イオン交換膜法は、その環境面や経済的優位性から全世界で成長を続けている

イオン交換膜法（旭化成）電解槽

世界の食塩電解法の市場変化

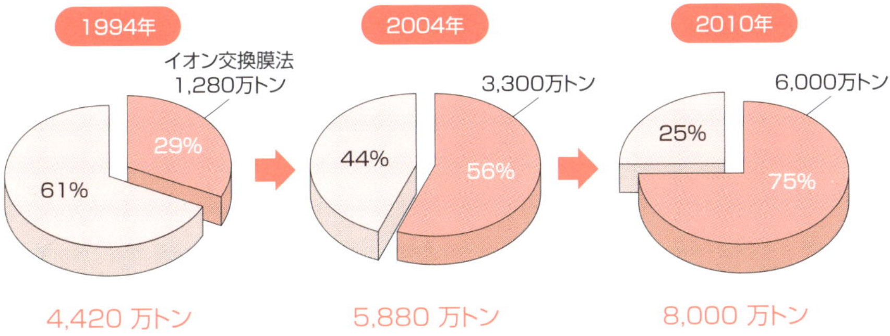
1994年
イオン交換膜法
1,280万トン
29%
61%
4,420 万トン
2004年
3,300万トン
44%
56%
5,880 万トン
2010年
6,000万トン
25%
75%
8,000 万トン

（旭化成ケミカルズ推定）

30 ソーダ工業

イオン交換膜とキレート樹脂

ソーダ工業とは、食塩を原料として、苛性ソーダ、塩素、ソーダ灰などの基礎化学品を生産する工業の総称であり、電解法とアンモニアソーダ法に大別されます。

電解法は食塩電解と称されており、食塩水と水をそれぞれ陽極、陰極で電気分解し、塩素、苛性ソーダ、水素を生成させる製法です。この電解法には水銀法、隔膜法、イオン交換膜法がありますが、環境面やエネルギー効率、製品の純度の面からイオン交換膜法が優れており、近年建設される工場のほぼ全てがイオン交換膜法となっています。

イオン交換膜法食塩電解のポイントの一つに、生成物の混合を避けるために分離された陽極室と陰極室の間の効率的なNa^+の輸送が挙げられます。このため、イオン交換膜は陰極側にカルボン酸をイオン交換基とするカルボン酸層と、陽極側にスルホン酸をイオン交換基とするスルホン酸層の少なくとも2層のイオン交換ポリマーから形成されています。陰極側のカルボン酸ポリマーは薄くても高い陰イオン排除性をもち、Na^+の選択的透過を格段に向上させる機能をもっています。一方、スルホン酸ポリマーは、電気抵抗が低く膜強度を保つために膜厚みを増加することを可能としています。

また、これらのイオン交換ポリマーは電解中に約90℃で塩素、苛性ソーダに直接触れるため、化学的耐久性に優れるフッ素系ポリマーが用いられています。

食塩電解では、食塩水中に種々の不純物が含まれている場合、電極あるいは膜が影響を受けることが知られています。そのため、それら不純物の除去が必要ですが、塩水中不純物イオン除去の1つの工程に、キレート樹脂によるイオン交換が用いられています。したがって、ソーダ工業にとってイオン交換膜、キレート樹脂のイオン交換技術は必要不可欠なものとなっています。

要点BOX

- ソーダ工業において食塩電解用イオン交換膜、食塩水精製用キレート樹脂のイオン交換技術は必要不可欠

イオン交換膜法食塩電解プロセス

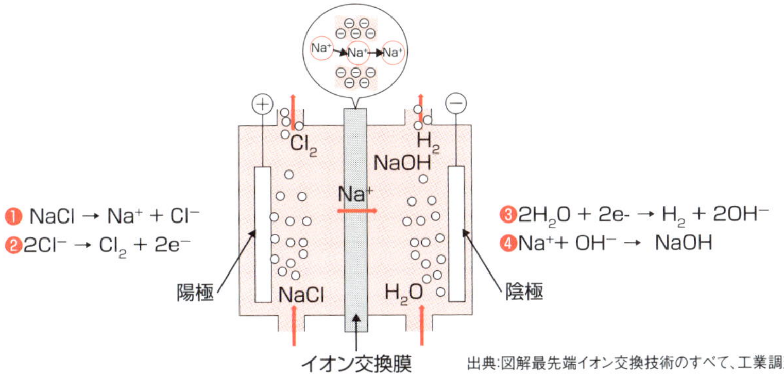

① $NaCl \rightarrow Na^+ + Cl^-$
② $2Cl^- \rightarrow Cl_2 + 2e^-$
③ $2H_2O + 2e^- \rightarrow H_2 + 2OH^-$
④ $Na^+ + OH^- \rightarrow NaOH$

陽極 / 陰極 / イオン交換膜

出典:図解最先端イオン交換技術のすべて、工業調査会

食塩電解用イオン交換膜の構造

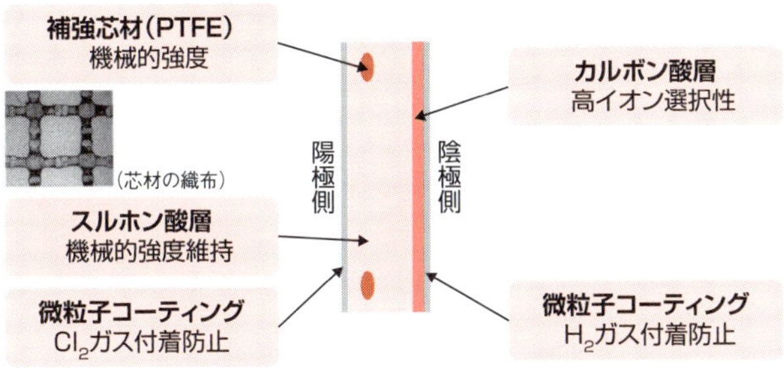

- 補強芯材（PTFE） 機械的強度
- （芯材の織布）
- スルホン酸層 機械的強度維持
- 微粒子コーティング Cl_2ガス付着防止
- カルボン酸層 高イオン選択性
- 微粒子コーティング H_2ガス付着防止

陽極側 / 陰極側

出典:図解最先端イオン交換技術のすべて、工業調査会

イオン交換ポリマーの化学構造

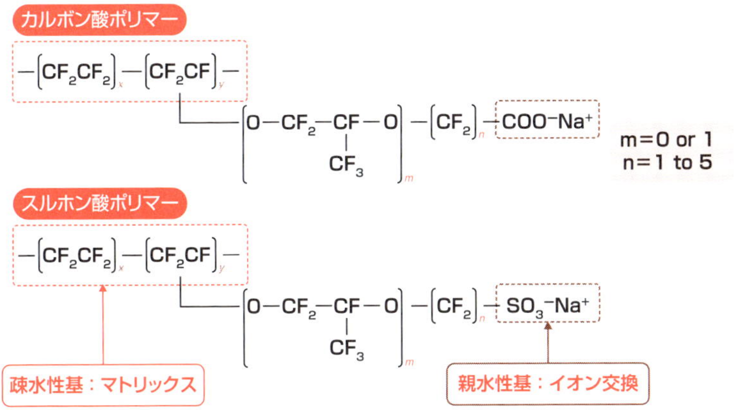

カルボン酸ポリマー

$$-(CF_2CF_2)_x-(CF_2CF)_y-$$
$$[O-CF_2-CF(CF_3)-O]_m-(CF_2)_n-COO^-Na^+$$

m=0 or 1
n=1 to 5

スルホン酸ポリマー

$$-(CF_2CF_2)_x-(CF_2CF)_y-$$
$$[O-CF_2-CF(CF_3)-O]_m-(CF_2)_n-SO_3^-Na^+$$

疎水性基：マトリックス
親水性基：イオン交換

出典:図解最先端イオン交換技術のすべて、工業調査会

31 塩から酸とアルカリを作る

酸とアルカリを作るバイポーラ膜電気透析法

塩から酸とアルカリを作るために使用されるのがバイポーラ膜です。バイポーラ膜とは、陰イオン交換層と陽イオン交換層を張り合わせた構造をもつイオン交換膜です。この膜の両側に水の理論分解電圧である0・83V以上の電圧を印加すると、膜内の水が酸（H^+）とアルカリ（OH^-）に分裂します。この場では、酸化還元反応が起こらず、ガスの発生もありません。

このバイポーラ膜に陰イオン交換膜と陽イオン交換膜を組み合わせた3室法電気透析槽に無機塩を供給することにより、陰イオンは陰イオン交換膜を透過しバイポーラ膜で分裂されたH^+と結合して酸が作られ、一方で陽イオンは陽イオン交換膜を透過してバイポーラ膜で分裂されたOH^-と結合してアルカリが作られます。いわゆる中和の逆の反応が進行するわけです。また、バイポーラ膜と陽イオン交換膜を組み合わせた2室法電気透析槽に有機酸塩を供給することにより、有機酸とアルカリが作られます。

この方法を利用して、貴金属の精製・製造工程、半導体・液晶製造工程、ステンレス鋼の酸洗工程などから排出される無機塩を処理して酸（硝酸・硫酸・フッ酸など）とアルカリ（水酸化ナトリウム・水酸化カリウムなど）が作られます。また、発酵法や合成法により作られる有機酸塩処理による有機酸（乳酸、クエン酸、グルコン酸など）とアルカリの製法が行われています。

このバイポーラ膜電気透析法の特長として、単一の工程で酸とアルカリができる、電極反応に伴う副生物が発生しない、複数の電解層を積層できる、廃液量を減らすことができる、再生廃液が出ない、連続運転が可能、などが挙げられます。

世界的な環境保護および資源の回収再利用という観点が強まる中、幅広い分野で使用されています。

要点BOX

- ●無機塩および有機酸塩から酸とアルカリを作る
- ●バイポーラ膜による効率的な水分裂

バイポーラ膜電気透析の原理

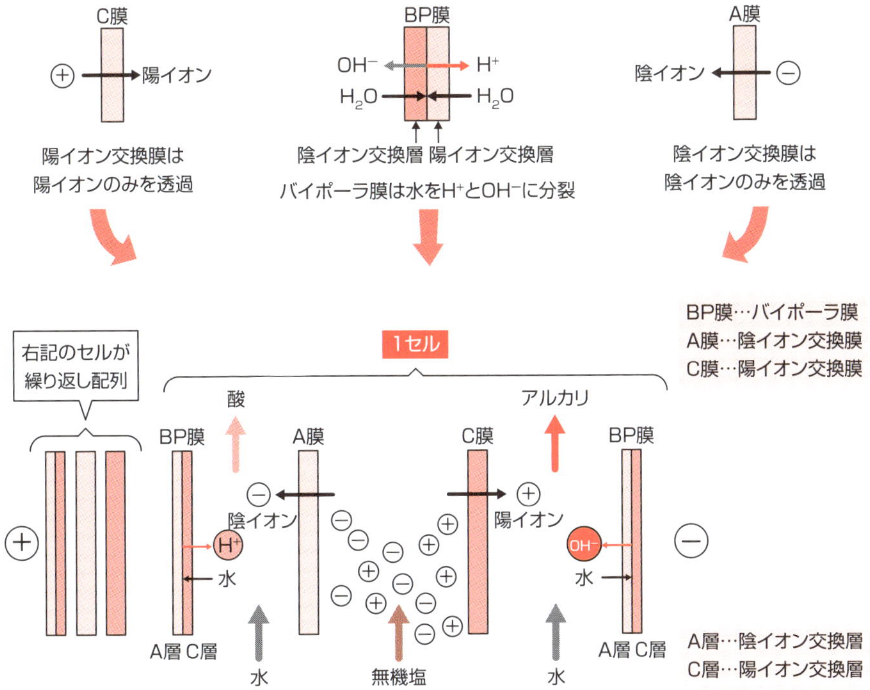
C膜
陽イオン
陽イオン交換膜は
陽イオンのみを透過
BP膜
OH⁻
H⁺
H_2O
H_2O
陰イオン交換層 陽イオン交換層
バイポーラ膜は水をH⁺とOH⁻に分裂
A膜
陰イオン
陰イオン交換膜は
陰イオンのみを透過
BP膜…バイポーラ膜
A膜…陰イオン交換膜
C膜…陽イオン交換膜
右記のセルが
繰り返し配列
1セル
酸
アルカリ
BP膜
A膜
C膜
BP膜
陰イオン
陽イオン
H⁺
OH⁻
水
水
A層 C層
A層 C層
水
無機塩
水
A層…陰イオン交換層
C層…陽イオン交換層

バイポーラ膜電気透析の用途

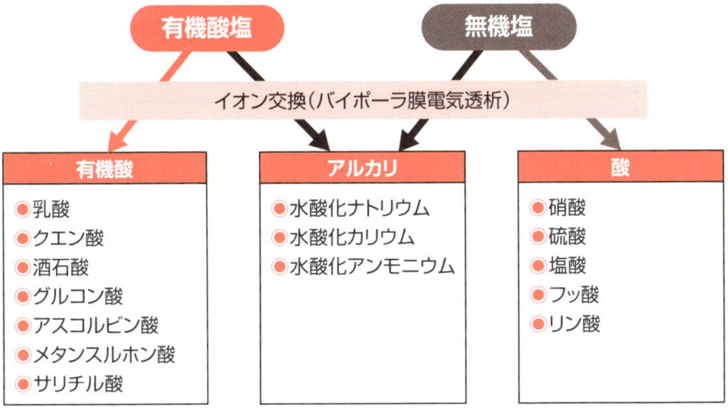
有機酸塩
無機塩
イオン交換（バイポーラ膜電気透析）
有機酸
乳酸
クエン酸
酒石酸
グルコン酸
アスコルビン酸
メタンスルホン酸
サリチル酸
アルカリ
水酸化ナトリウム
水酸化カリウム
水酸化アンモニウム
酸
硝酸
硫酸
塩酸
フッ酸
リン酸

32 無機イオン交換体触媒

粘土鉱物から触媒を作る

無機イオン交換体の代表的な物質は粘土鉱物です。その中でも、陽イオン交換性を示す代表的なものは、スメクタイト、バーミュクライト、マイカなどがあります。一方、陰イオン交換性を示すものは、ハイドロタルサイトなど種類は少ないですが、触媒用途には幅広く使用されています。

これらの粘土鉱物は、負あるいは正に帯電したホスト層に正あるいは負の電荷をもつゲストイオンがクーロン力で結合し積層した構造をもちます。無機イオン交換体の一つです。

これらの無機イオン交換体は、溶媒に膨潤あるいは懸濁させると、ホスト層が剥離して1枚1枚ずつのホストシートが溶媒に分散し、それぞれのシートにはゲストイオンが静電引力で吸着しています。ここに触媒活性種イオンを加えると、元のイオンと交換して、ホスト層に触媒活性種イオンが代わりに吸着します。この状態で溶媒をろ過などで除去、洗浄を行うと、触媒活性種が無機結晶層間に導入された「層間触媒」が合成されます。

このような層間触媒は以下の5つの特徴があります。

①層間サイズの制御
②ゲストイオンの立体配座制御
③不安定錯体の固定化
④複数のゲストイオン種のインターカレーション
⑤ゲストイオンの熱安定性向上

層間触媒は、

・形状選択的触媒
・官能基選択的触媒
・不斉水素化触媒
・炭素ー炭素結合触媒
・オレフィン酸化触媒
・バイヤービリガー酸化触媒
・アルコール酸化触媒

などに応用されています。

要点BOX
●活性種を層間に均一に分散できる
●活性種の立体構造をそろえる

層間触媒の合成方法

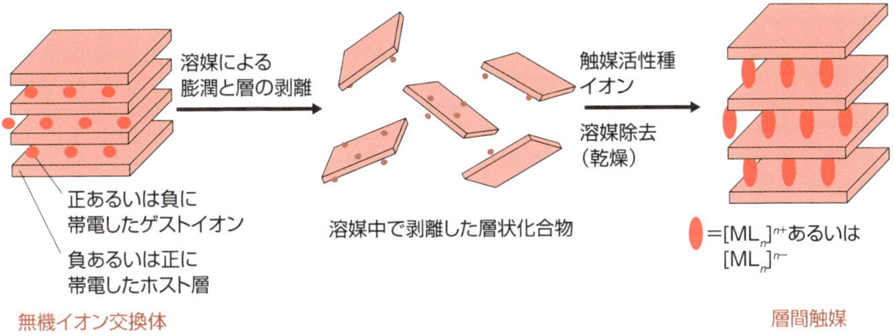
溶媒による
膨潤と層の剥離
触媒活性種
イオン
溶媒除去
（乾燥）
正あるいは負に
帯電したゲストイオン
負あるいは正に
帯電したホスト層
溶媒中で剥離した層状化合物
=[MLn]n+あるいは
[MLn]n−
無機イオン交換体
層間触媒

層状粘土鉱物によるゲストイオンの立体構造制御

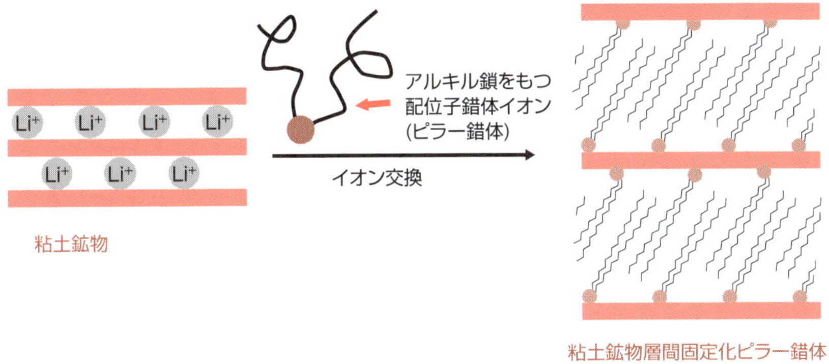
Li+
アルキル鎖をもつ
配位子錯体イオン
（ピラー錯体）
イオン交換
粘土鉱物
粘土鉱物層間固定化ピラー錯体

層間ピラー錯体の各部分の役割

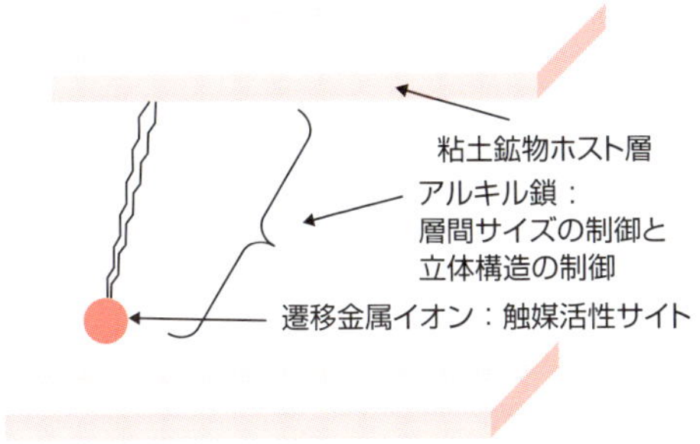
粘土鉱物ホスト層
アルキル鎖：
層間サイズの制御と
立体構造の制御
遷移金属イオン：触媒活性サイト

不安定錯体の層間への固定化による触媒合成

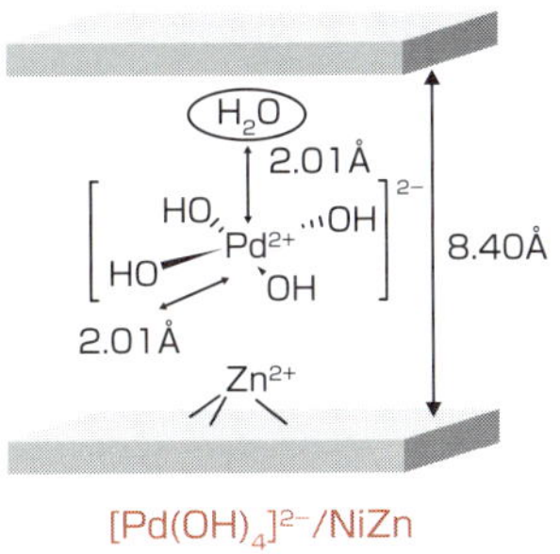
H2O
2.01Å
HO
Pd2+
OH
2−
8.40Å
2.01Å
Zn2+
[Pd(OH)4]2−/NiZn

33 ポリスルホン化触媒

ポリスルホン化で耐熱性向上

有機反応で用いられる有機質不均一系触媒には、ポリスチレン系のポリマービーズをスルホン化して合成される樹脂触媒があります。反応温度が高い場合には熱分解でスルホ基が脱落し、触媒樹脂の活性が失われたり、反応生成物に着色が生じることがあるので、耐熱性の高い触媒樹脂が求められます。触媒樹脂の耐熱性を向上するにはいくつかの方法があります。その一つがポリスルホン化です。

ポリマービーズのスルホン化は、主に硫酸で行われます。一般的な反応条件下では、ベンゼン環に1つのスルホ基が導入されたモノスルホンタイプの触媒樹脂となりますが、特別な反応条件でスルホン化を行うと、ベンゼン環に2つのスルホ基が導入されたポリスルホンタイプの触媒樹脂ができます。

ベンゼン環に2つのスルホ基があることにより、モノスルホンタイプと比較して、ベンゼン環の電子密度が低く、ベンゼン環の炭素（C）とスルホ基の硫黄（S）との結合間距離が短くなり、温度安定性が高くなります。また、C-S結合間距離が短いためにスルホ基の分極が高くなり、モノスルホンタイプと比較して酸強度が30％程度高くなるため、活性化温度が低くなります。そのため、運転初期の反応温度を低く設定することが可能となります。かつ温度安定性が高いため、運転終期の反応温度を高く設定することが可能です。このため、モノスルホンタイプの触媒樹脂と比較して樹脂寿命が長く、経済的にも優れた触媒樹脂であるといえます。

ポリスルホンタイプの触媒樹脂は様々な有機反応に適用が可能であり、特に耐熱性が求められる用途に適しています。ただし、副生成物が生じるような反応系では、副生成物の生成も促進されて選択率が低くなることがありますので、用途に応じてモノスルホンタイプとポリスルホンタイプを使い分けることが重要です。

要点BOX
- ●温度安定性が高く、活性化温度が低い
- ●樹脂寿命が長く、経済的な触媒樹脂

有機質不均一系触媒樹脂

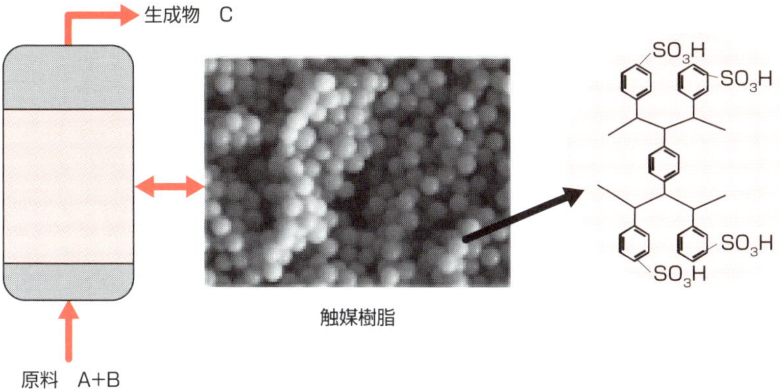
生成物　C
触媒樹脂
原料　A+B
SO_3H
SO_3H
SO_3H
SO_3H

モノスルホンタイプ　　ポリスルホンタイプ

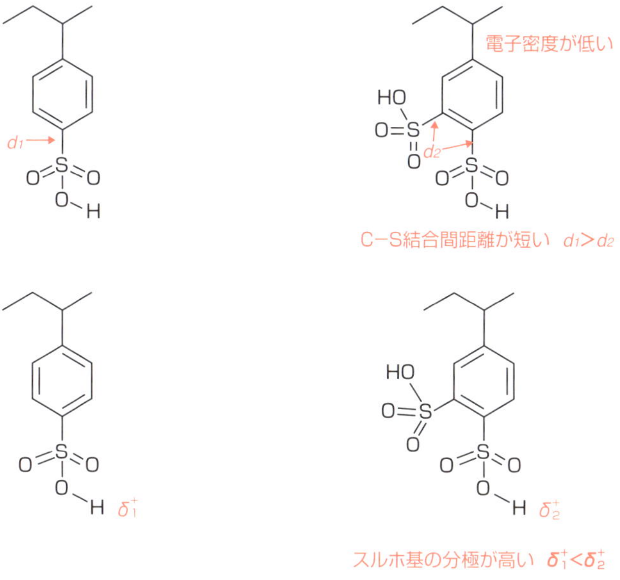
d_1
電子密度が低い
d_2
HO
O=S
O
O
H
C−S結合間距離が短い　$d_1>d_2$
δ_1^+
δ_2^+
スルホ基の分極が高い　$\delta_1^+<\delta_2^+$

34 電子材料と無機イオン交換体

イオン交換で信頼性向上

電子材料の主要な部品であるICパッケージは、アルミニウムなどの微細な配線からなるチップと、それを保護するエポキシ樹脂などの封止材で構成されています。しかし、封止材で保護されていても、さまざまな原因でICの故障が起こります。例えば、封止材であるエポキシ樹脂中の遊離塩素などの不純物イオンによる配線の腐食があり、大きな問題とされています。

この問題に対して、封止樹脂中に特定の無機イオン交換体を添加し、不純物イオンを捕捉固定させ、配線の腐食進行を防ぐことができます。今では無機イオン交換体を半導体封止材に添加することは標準的に行われています。

封止材に添加するイオン交換体には、単に不純物イオンを捕捉するという以外にもいくつかの性質が求められます。まず、封止樹脂は最高300℃で処理されるため、耐熱性が必要です。また、絶縁体でなければなりません。さらに微細な配線、ピッチ幅に影響しないよう微粒子でなければなりません。このような条件を満たす無機イオン交換体が、電子材料をはじめ様々な分野で使用されています。

無機イオン交換体の電子材料への応用例としては、ICパッケージ用封止材の他に、FPC（フレキシブルプリント基板）用接着剤、導電ペースト、電子部品洗浄剤の精製などがあります。例えば、FPCでは通電中に徐々に銅成分が樹脂層へ移動し（この現象をマイグレーションといいます）、それが原因でショートを起こすことがあります。FPCの接着剤に無機イオン交換体を添加することでマイグレーションを抑制することが可能です。

また、無機イオン交換体は、電子材料に限らず塗料の防錆、ガス吸着剤、原子力関連など幅広い分野で検討されており、大きな可能性を秘めています。

要点BOX

- ●耐熱性、耐薬品性に優れた微粒子材料
- ●封止樹脂中の不純物イオンを確実にキャッチ

ICパッケージにおける無機イオン交換体の作用イメージ

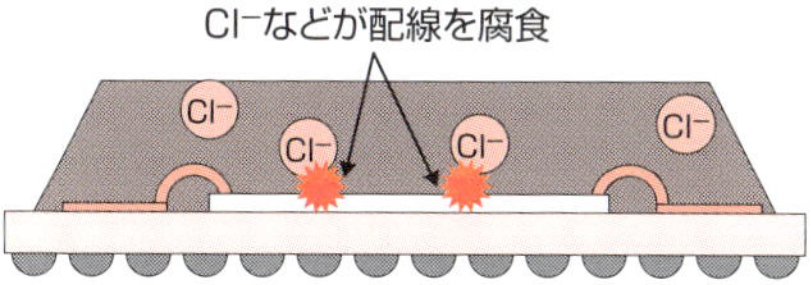
Cl⁻などが配線を腐食
Cl⁻
Cl⁻
Cl⁻
Cl⁻

イオン交換体無添加

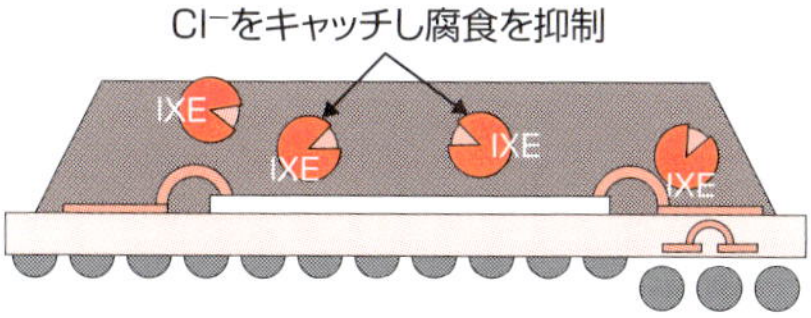
Cl⁻をキャッチし腐食を抑制
IXE
IXE
IXE
IXE

無機イオン交換体「IXE」添加

無機イオン交換体によるアルミ配線の腐食抑制

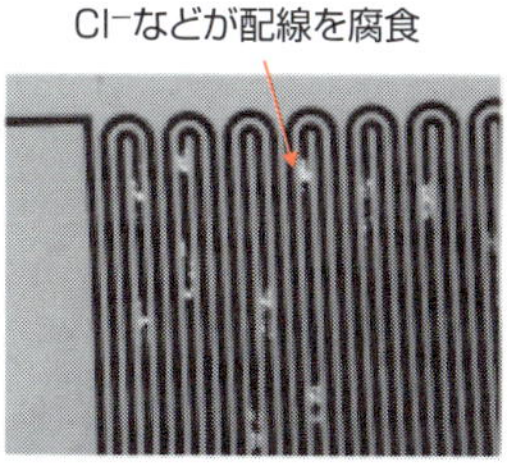
Cl⁻などが配線を腐食

イオン交換体無添加

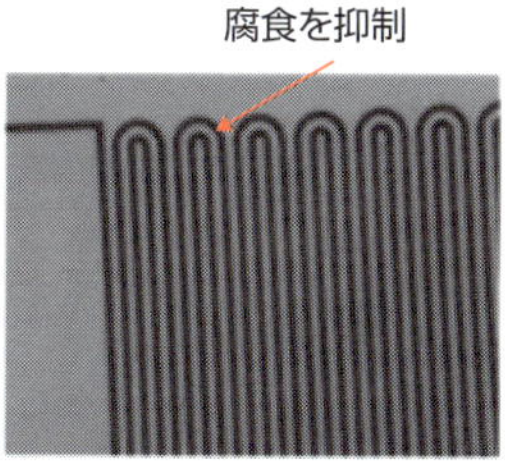
腐食を抑制

無機イオン交換体添加

無機イオン交換体による銅配線のマイグレーション抑制

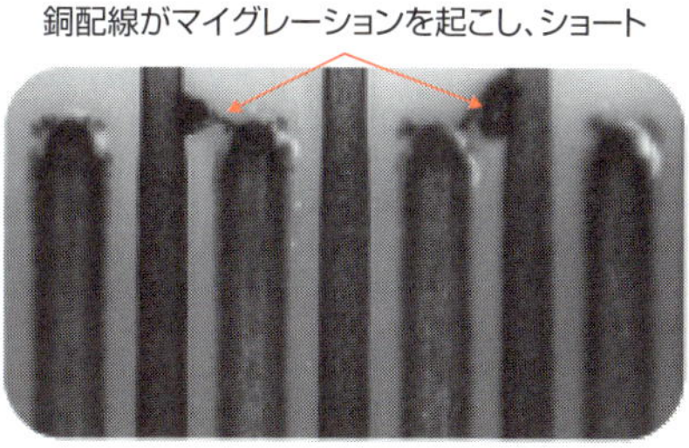
銅配線がマイグレーションを起こし、ショート

イオン交換体無添加

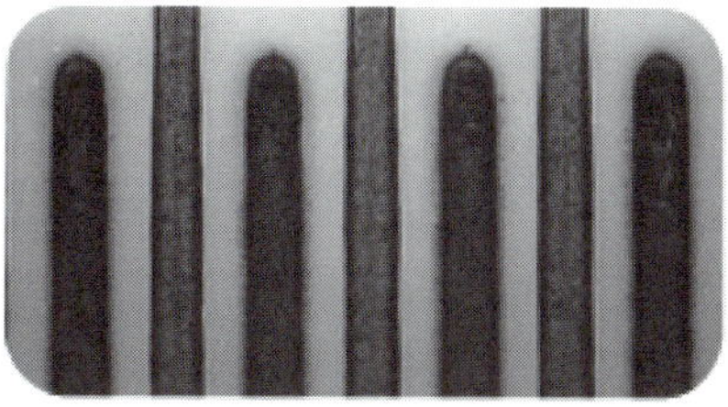

無機イオン交換体添加

35 ガラスの化学強化

安心して使える強いガラスパネル

今やほとんどの人が手にしているスマートフォンやタブレットPCは、ディスプレイから情報を入力、選択することができます。このパネルの最表面の基板はガラスでできていますが、すぐに割れてしまうようなガラスでは安心して使うことができません。割れにくく強いガラスでなければいけません。これらには「化学強化ガラス」が使われていますが、普通のガラスを強いガラスに変える方法が、イオン交換を用いた「化学強化」です。

ガラスの表面の傷に、これを広げるような力（引張り応力）が働くと広がり、割れてしまいます。しかし、ガラスの表面にあらかじめ押し合う力（圧縮応力）が働いているようにすれば、何かの作用で引張り応力が働いても、傷を広げるまでの応力になりにくく、ガラスが割れず強くなります。ガラスの「化学強化」は、ガラスの表面にこのような圧縮応力を与えるための技術です。

私たちの身の回りで使われているガラスのほとんどは、SiO_2、CaO、Na_2Oが主成分です。ガラスの中でSiO_2はSi原子を中心に頂点に酸素原子がある四面体として3次元的に無限につながった「網目」を作り、その中にCa^{2+}イオンやNa^+イオンが存在しています。ガラスの温度を上げると網目が膨張し、Na^+が網目の中を拡散できるようになります。化学強化は、ガラスをたとえばK^+イオンを含む溶融塩の中に漬けて加熱し、ガラスの表面数十μm中のNa^+をK^+と交換します。特定の温度で決められた時間この処理を行うと、表面に圧縮応力が付与されて強化されたガラスに変わります。これは、処理の前はNa^+が入っていた網目の隙間にサイズの大きいK^+が代わって入ったため生じたものです。

このようにガラスの化学強化はタッチパネル表示素子などのガラス材料に適用され、安全かつ容易に情報のやり取りできるインターフェイスとして身近に利用されています。

要点BOX
- ●表面のアルカリイオンを大サイズイオンと交換
- ●ガラス表面に圧縮応力が与えられて割れにくいガラスになる

PCやスマートフォンで使われている
タッチパネルのカバーガラスタブレット

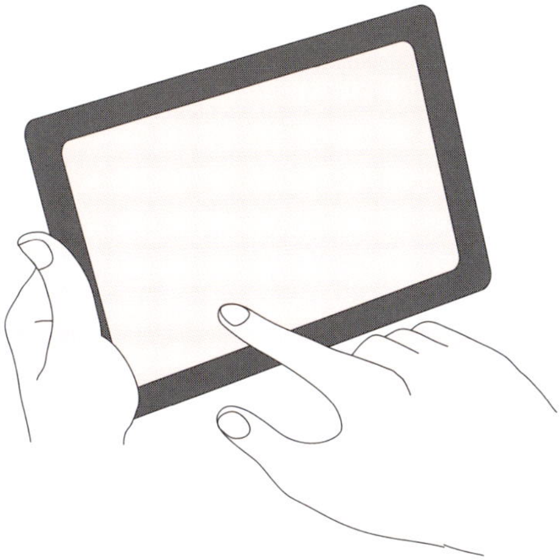

イオン交換処理模式図

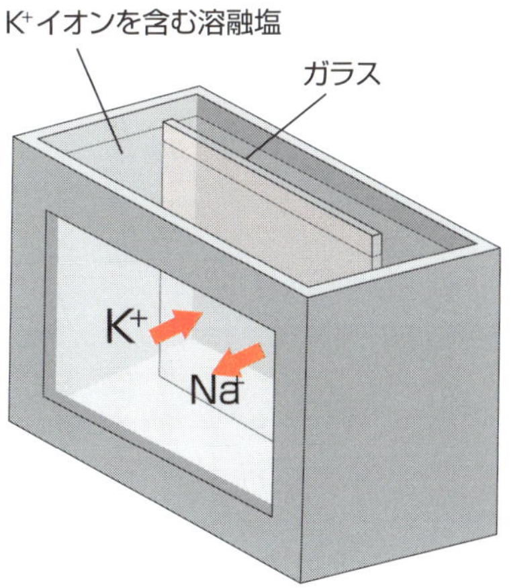
K+イオンを含む溶融塩
ガラス
K+
Na+

イオン交換モデル図

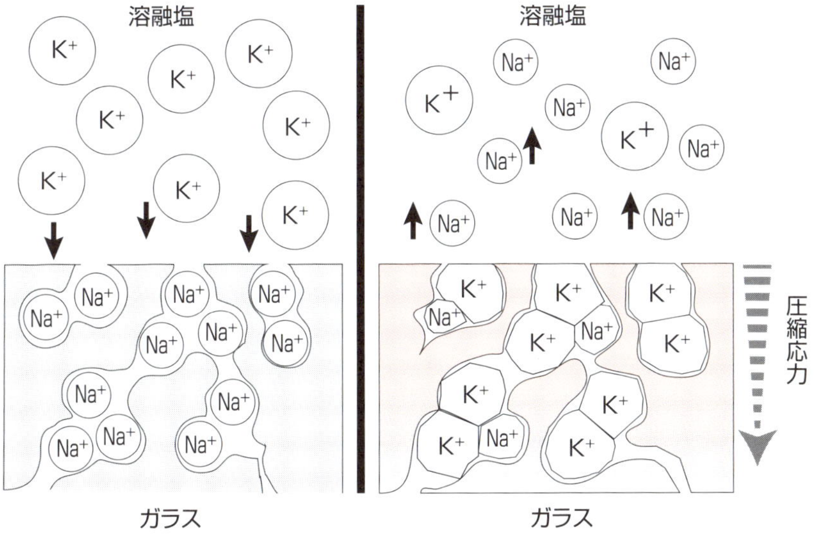
溶融塩
K+
Na+
ガラス
溶融塩
圧縮応力
ガラス

36 防眩ミラーで快適運転

光を制御する次世代ガラス

電圧をかけると電気的に酸化または還元することで色が変化し光を制御するECM（エレクトロクロミック素子）は次世代ガラスとも称され、昨今の環境問題から、エネルギー効率との関係で注目されています。「調光ガラス」として長年研究がなされてきました。

夜間の走行中に後続車のヘッドライトがルームミラーに反射して眩しいとき、通常のミラーでは下のレバーを倒して反射を抑えます。これに対して、普段は通常のミラーと変わらないが後方から強い光が入ると自動的に反射率を落とし眩しさを抑える働きをするのが自動防眩ミラーです。後方の視界を遮り眩しさを抑えることのできる防眩ミラーの要望は超高齢化・車社会と共に高まりつつあります。

防眩ミラーは着色効率が高く、低電力、早い応答性かつ耐久性の優れていることが要求されています。基本構成はITO膜などの透明導電膜で調光層を挟んだ構造です。電池と同じように電極と電解質からなっており、特に電解質が性能に大きな影響を及ぼします。電解質は、溶媒系、無機系（固体系）、有機高分子系（固体系）の3種類があり、それぞれ一長一短があります。

代表なECM材料であるWO_3（青色→無色）を用いた場合、調光層は還元発色膜であるWO_3と、電解質および対極層から構成されます。透明電極（ITO）が陰極になるように電解を印加すると、WO_3層に電極から電子が注入され、また電解質からは陽イオン（M^+）が移動し、その結果、M_xWO_3（M＝H、Li、Na、Ag）を生じて青く発色します。

最近、車載ミラーは、より単純に後方を認識する従来のミラー機能にアンテナ機能、ETC機能、さらに2・4インチの液晶ディスプレー（LCD）を内蔵したモニター付きインナー防眩ミラーなどの表示機能が付加された高付加価値商品展開がなされており、視認性が一段と重要な位置付けとなっています。

要点BOX

- ●光の吸収波長を変える可変色調ECM
- ●表示モニター、光触媒で防眩ミラーの高機能
- ●超高齢化社会に貢献する防眩ミラー

防眩ミラーの透過率変化

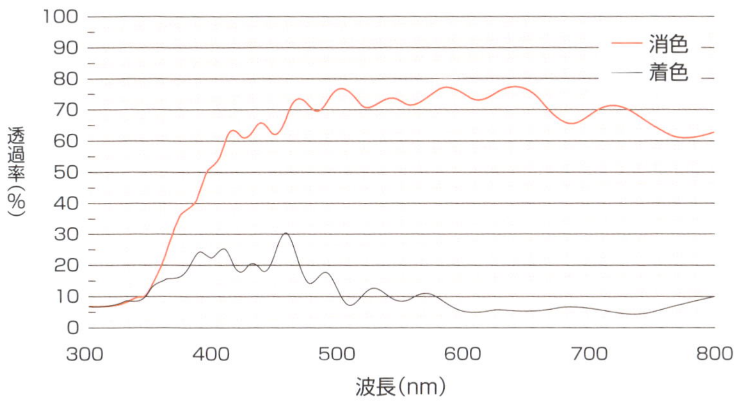
消色
着色
透過率(%)
100
90
80
70
60
50
40
30
20
10
0
300
400
500
600
700
800
波長(nm)

防眩ミラーの基本構造

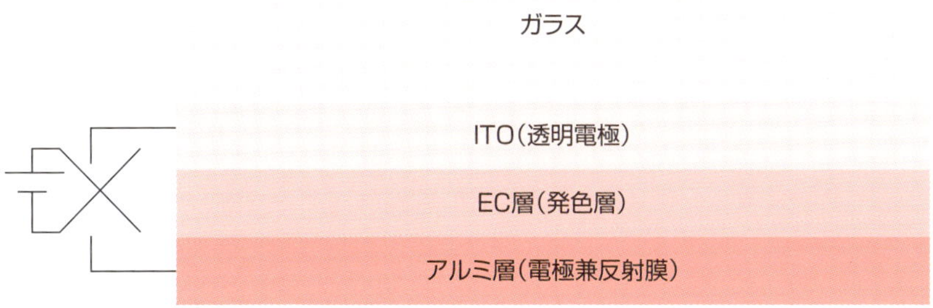
ガラス
ITO(透明電極)
EC層(発色層)
アルミ層(電極兼反射膜)

車載用モニターインナー防眩ミラー

2.4インチ液晶モニター
ECM
着色状態
透過率30%

37 層状物質でナノシートを作る

分子レベルの薄膜からなる二次元ナノ物質

層状構造をもつ無機イオン交換体に嵩高いゲストや適切な溶媒をインターカレーションすると、層と層の間隔が大きく広がり、最終的に層1枚にまでバラバラに剥離することができます。その結果、厚さは0・5～3㎚と分子レベル、横サイズは㎛レンジの広がりをもつ二次元ナノ物質が得られます。これは、一次元形状のナノチューブやナノワイヤー、三次元のナノ粒子などと並ぶ新しいカテゴリーのナノスケール物質に相当します。これまでに酸化物、硫化物、窒化物、水酸化物など様々な物質系でナノシートが得られています。2010年のノーベル物理学賞に輝いたグラフェンは、代表的な層状物質であるグラファイトの層1枚を取り出したものであり、ナノシートの仲間といえます。

これらのナノシートは、バラエティに富む組成、構造に基づいた多彩な性質を示します。例えば、酸化チタンナノシートはワイドギャップの半導体であり、光触媒性や誘電性を示しますし、酸化マンガンナノシートは酸化還元性に優れています。

これらのナノシートは水などの溶媒中に分散したコロイドして得られることも大きな特徴です。そのため、溶液プロセスを適用してナノシートを様々に集合、集積したり、異種物質とナノレベルで複合化できます。例えば、高比表面積の再凝集体や多層ナノ薄膜、コア・シェル粒子や極薄中空ナノシェルなどを合成でき、様々な機能の付与が可能です。

具体例を挙げると、酸化チタンナノシートが分散したコロイド溶液をユーロピウム塩の水溶液に滴下すると、ユーロピウムイオンがナノシート間に取り込まれて再凝集し、蛍光特性をもつ材料が得られます。また、ナノシートコロイド溶液と高分子電解質の溶液に基板を交互に浸漬すると、ナノシートと高分子電解質がレイヤーバイレイヤー累積され、様々な機能を有する多層ナノ薄膜を構築することができます。

要点BOX
- ●層状イオン交換体を層1枚にまでバラバラに
- ●ナノシートをビルディングブロックとして集合、累積して新材料を構築

層状物質のナノシート化

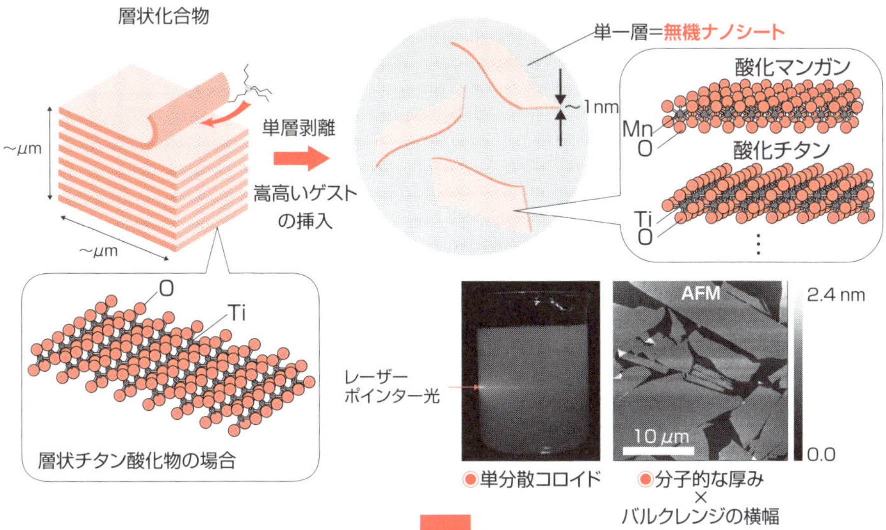

層状化合物
〜μm
〜μm
単層剥離
嵩高いゲスト
の挿入
単一層＝無機ナノシート
〜1nm
酸化マンガン
Mn
O
酸化チタン
Ti
O
O
Ti
層状チタン酸化物の場合
レーザー
ポインター光
AFM
10 μm
2.4 nm
0.0
単分散コロイド
分子的な厚み
×
バルクレンジの横幅

ナノシートを用いた材料合成

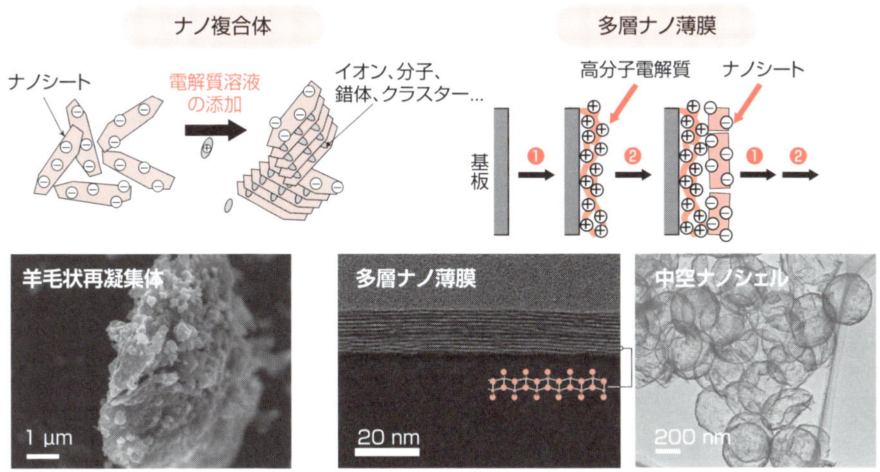

ナノ複合体
多層ナノ薄膜
ナノシート
電解質溶液
の添加
イオン、分子、
錯体、クラスター…
高分子電解質
ナノシート
基
板
羊毛状再凝集体
1 μm
多層ナノ薄膜
20 nm
中空ナノシェル
200 nm

水分解光触媒
蛍光材料
電極材料など

セルフクリーニングコーティング
誘電体ナノ薄膜
透明磁性ナノ薄膜

38 ポリマークレイナノコンポジット

ポリマーと粘土のナノ複合材料

ベントナイトと呼ばれる粘土（クレイ）を精製すると、モンモリロナイトと呼ばれる粘土鉱物が得られます。

モンモリロナイトは、厚み1nmで1辺の幅約100nmの薄い板状の結晶層が積層した構造をしています。その結晶層は、酸化ケイ素と酸化アルミニウムからできていて、負に帯電しています。また、その層間にはナトリウムイオンなどの陽イオンが取り込まれていて、層の負電荷を中和することによってモンモリロナイトを安定な状態にしています。層間の陽イオンは、アルキルアンモニウムなどの有機の陽イオンと簡単にイオン交換することができ、交換によって得られたものは有機化モンモリロナイトと呼ばれます。

有機化モンモリロナイトは有機物やポリマーに親和性があり、それらを層間に取り込むことができます。ポリマークレイナノコンポジットは、その性質を利用し創製されたポリマーとモンモリロナイトがナノメートルレベルで複合化された材料です。

世界で初めて実用化されたポリマークレイナノコンポジットは、ナイロン6にモンモリロナイトの結晶層が1枚1枚剥離した状態で複合化され、通常の複合材料（コンポジット）を越えたとのイメージから、ナイロン6クレイハイブリッド（Nylon6-Clay Hyberid：NCH）と呼ばれています。

モンモリロナイトを4・2％添加して作製したNCHは、ナイロン6に比べ引張強度は約1・5倍、弾性率は約2倍の値を示します。また、熱変形温度は152℃を示し、ナイロン6に比べ約80℃向上しています。このような飛躍的な物性向上を示したNCHは、自動車部品としてタイミングベルトカバーやエンジンカバーに採用されました。

現在では、ナイロン6以外の各種ナイロン、ポリプロピレン、ポリ乳酸、バイオポリカーボネートなどのクレイナノコンポジットが得られています。

要点BOX
- ●イオン交換でポリマーに対する親和性を付与
- ●ポリマーにクレイをnmオーダで複合化
- ●わずかな量で飛躍的な物性向上を実現

NCH中のモンモリロナイトの結晶層の分散状態

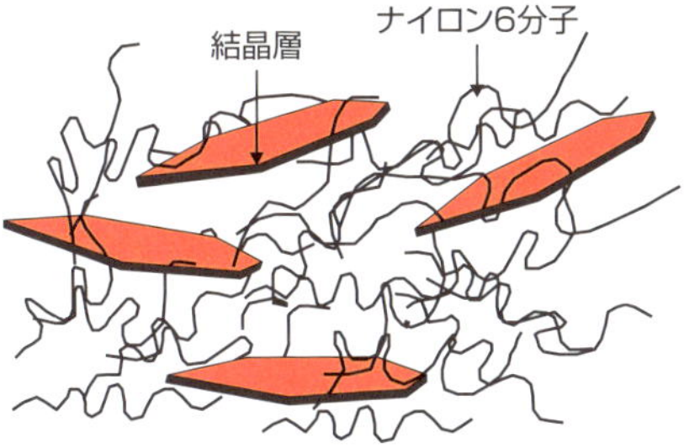

結晶層
ナイロン6分子

(a) 結晶層の分散状態

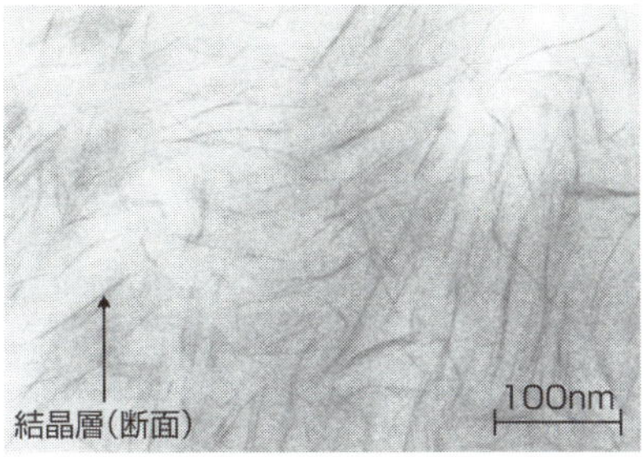

結晶層(断面)
100nm

(b) 透過型電子顕微鏡で観察した結晶層の分散状態（モンモリロナイト約4.2 wt%添加）

NCHの特性

試料	モンモリロナイト添加量（wt %）	引張強度（MPa）	引張弾性率（GPa）	熱変形温度（℃ at 18.5kg/cm²）
NCH	4.2	97	1.9	152
NCC	5.0	61	1.0	89
Nylon 6	0	69	1.1	65

NCH：Nylon6-Clay Hybrid
NCC：Nylon6-Clay Composite　（μmオーダの複合材料）

NCH製自動車部品（タイミングベルトカバー）

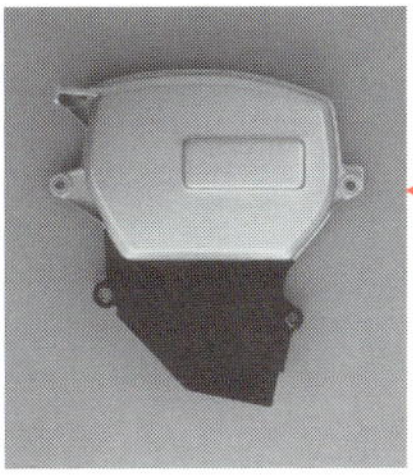

39 レアメタルとイオン交換

イオン交換で資源循環社会を目指す

レアメタルは希少金属と呼ばれ、「地球上に元々の存在量が少ない金属や、量は多くても経済的、技術的に品位の高いものを取り出すのが難しい金属」の総称です。近年、電気・電子・情報産業、光・電子材料分野および環境・エネルギー産業分野など日本経済を支えるハイテク産業において、製品の小型化・軽量化・高機能化および省エネルギーの観点で大きく貢献し、日本の国際競争力の維持・発展に欠かせない素材・材料であることから、レアメタルの安定供給がより重要となってきています。

最近、「都市鉱山」などと呼ばれている廃電子部品や廃触媒からの貴金属やレアメタルの回収では、電子機器廃棄物から金属イオンを溶出するために浸出液として塩酸あるいは塩酸と硝酸の混酸が用いられます。したがって、浸出液には大量の塩化物イオンが共存することになり、レアメタルイオンとの錯体形成反応により、陰イオンとして溶存する金属イオンと、塩化物イオンと錯体形成せずに陽イオンとして溶存する金属イオンを含むことになります。このような場合は、3級アミン型や4級アンモウニウム型の陰イオン交換体を用いることによって、陰イオン錯体として存在している金属イオンのみを選択的に吸着・分離できることになります。

最近では、資源循環社会形成を目指してバイオマス廃棄物を利用した貴金属やレアメタルを回収する研究が活発に行われており、その中でも特にエビやカニの殻から得られる「キチン・キトサン」や「ポリフェノール類(タンニン、リグニン)」の生体がもつ高機能性(大量で規則的に配列された官能基)を利用した吸着材が開発されています。これらは耐薬品性が高く、さらにそれらを化学修飾することによって目的金属イオンに高い選択性を持たせることもでき、それらを基材にした新規なイオン交換体や吸着材が開発され、工業的回収材として期待されています。

要点BOX

- イオン交換反応を活用した二次汚染のないレアメタル資源のリサイクル技術
- 微量の有害金属イオンもシャットアウト

周期律表(色付がレアメタル)

H																	He
Li	Be											B	C	N	O	F	Ne
Na	Mg											Al	Si	P	S	Cl	Ar
K	Ca	Sc	Ti	V	Cr	Mn	Fe	Co	Ni	Cu	Zn	Ga	Ge	As	Se	Br	Kr
Rb	Sr	Y	Zr	Nb	Mo	Tc	Ru	Rh	Pd	Ag	Cd	In	Sn	Sb	Te	I	Xe
Cs	Ba	La	Hf	Ta	W	Re	Os	Ir	Pt	Au	Hd	Tl	Pb	Bi	Po	At	Rn
Fr	Ra	Ac															

レアアース(RE)

医療機器(MRIなど)
デジタルカメラ
携帯電話
MDプレイヤー
テレビ
パソコン
先進ロボット
自動車(電気・ハイブリッドなど)

高機能性材料

- 特殊鋼 ← ニッケル(Ni)、クロム(Cr)、タングステン(W)、モリブデン(Mo)、マンガン(Mn)、バナジウム(V)など
- 液晶 ← 透明電極(ITO) ← インジウム(In)
- 電子部品(IC、半導体、コネクター リードフレーム、接点など) ← ガリウム(Ga)、タンタル(Ta)、ニッケル(Ni)、チタン(Ti)、ジルコニウム(Zr)、ニオブ(Nb)、白金(Pt)など

製品の小型軽量化・省エネ化・環境対策

- 希土類磁石(Nd・Fe・B磁石、小型モーター) ← レアアース〔ネオジム(Nd)、ジスプロシウム(Dy)、テルビウム(Tb)〕コバルト(Co)など
- 小型二次電池(リチウムイオン電池、ニッケル水素電池) ← リチウム(Li)、コバルト(Co)、ニッケル(Ni)、レアアースなど
- 超硬工具 ← タングステン(W)、コバルト(Co)、チタン(Ti)、モリブデン(Mo)、バナジウム(V)など
- 排気ガス浄化触媒 ← 白金(Pt)、ロジウム(Rh)、パラジウム(Pd)

出典：
1)"貴金属・レアメタルのリサイクル技術集成"、pp. 165-464 (2007)、NTS
2)経済産業省総合資源エネルギー調査会鉱業分科会レアメタル対策部会資料(2006, 10～2007, 6)
3)本馬隆道、村谷利明、シャープ技報、第92号、pp. 17-22 (2005)

Column

都市鉱山とレアメタル

日本は技術力の優位性の下にモノづくり産業を発展させ、大量浪費社会を形成しました。その中で生み出された山積みの廃棄物は負の遺産とも見なされますが、その一方で、レアメタルを含むハイテク製品のごみの山が「都市鉱山」と言われて注目されています。

レアメタルの明確な定義はありませんが、自然界に存在する73種類の金属元素のうち、レアアース、インジウム、リチウムなど41種類もの元素がレアメタルに分類されています。電子材料や磁性材料などのハイテク産業に必要不可欠である一方で、技術的な問題や資源国の政情不安が原因で安定的な供給確保が困難な金属元素です。今後も国内外での用途・使用量の拡大が見込まれるので、将来の産業発展のためにレアメタル資源確保は重要な課題です。近年、台頭する資源国の資源ナショナリズムと循環型社会への移行を背景に、小資源国の日本では都市鉱山の開発が望まれます。

さて、なぜこれまで都市鉱山は開発されなかったのでしょうか?

それは、製品に含まれるレアメタルの量はわずかであり、それらを取り出すよりも、輸入する方が低コストだったからです。

レアメタルをリサイクルするには、まず製品のパーツを分別して、酸で溶かし出してイオンにします。難しいのは、様々なイオンが混在する中から目的物を取り出すことです。目的のイオンが低濃度の場合、特に有効なのはイオン交換法です。

レアメタルリサイクルでは、対象となる系が多岐にわたるので、目的物を高効率に回収できるイオン交換材料、方法を研究する必要があります。また、効率と経済性だけでなく、省エネルギー、廃棄物削減など環境コストに対する考慮も欠かせません。

レアメタルリサイクルは、これまではほとんど研究対象になっていなかったため、今後の研究動向が期待されます。

日本の都市鉱山資源の量は資源国に匹敵すると言われています。これを有効活用する技術を確立できれば、再び日本の技術力の優位性を確固たるものにし、世界をリードできる可能性があります。都市鉱山開発は重要な課題であると同時に、チャンスでもあるのです。

第5章

イオン交換と先端分離・計測

H+
Cl-
Na+
ClO4-
OH-
NO3-
Zn2+
Ca2+
SO4 2-

40 クロマトグラフィー

イオン交換で有用物質を分離と分析

クロマトグラフィーは、「色」を表すchromaと、「書く」という意味のgrapheinからできた言葉で、Twettが炭酸カルシウムを詰めたカラムに石油エーテルを流して葉緑素成分を分けたのが始まりです。

Twettの実験における炭酸カルシウムのように動かない相を「固定相」、石油エーテルのように溶質を溶かしながら動く相を「移動相」といいます。溶質は、流れながら固定相との相互作用を繰り返すことで分離されます。

固定相から流れ出した溶質を適切な検出法で測ることで、クロマトグラムとよばれるチャートが得られます。これに基づいて分離を確認したり、物質の濃度を測ったりすることができます。

現在のクロマトグラフィーは、移動相の状態によってガスクロマトグラフィー、液体クロマトグラフィー（LC）などに分類されます。

LCに話を絞ると、固定相として直径数十μmから㎜程度の粒子を用いて、合成などで得られた物質を分離、精製する「分取LC」と、主に分析を目的として、直径10 μm以下の粒子を固定相として用いる「分析LC」（高速液体クロマトグラフィーとも呼ばれます）に大別できます。どちらのタイプでも、固定相としてシリカゲルなどの無機酸化物や高分子粒子、それらの表面に化学修飾で種々の機能性分子を導入したものなどが使われます。ロッド状の固定相（モノリス）も開発されています。

イオン交換体もLCの固定相として用いられており、高分子のイオン交換樹脂やイオン性の分子を固体表面に修飾したものが種々作られています。これらのイオン交換固定相は、金属イオンや陰イオンなどの分離・分析を始め、アミノ酸や糖類などの生体物質の分離にも用いられています。また、環境計測では化学種を分別する分析に活用されています。

要点BOX
- ●クロマトグラフィーで複数の物質を連続的分離
- ●分けるだけでなく分析も
- ●イオン交換はクロマトグラフィーでも有用

クロマトグラフィーの原理

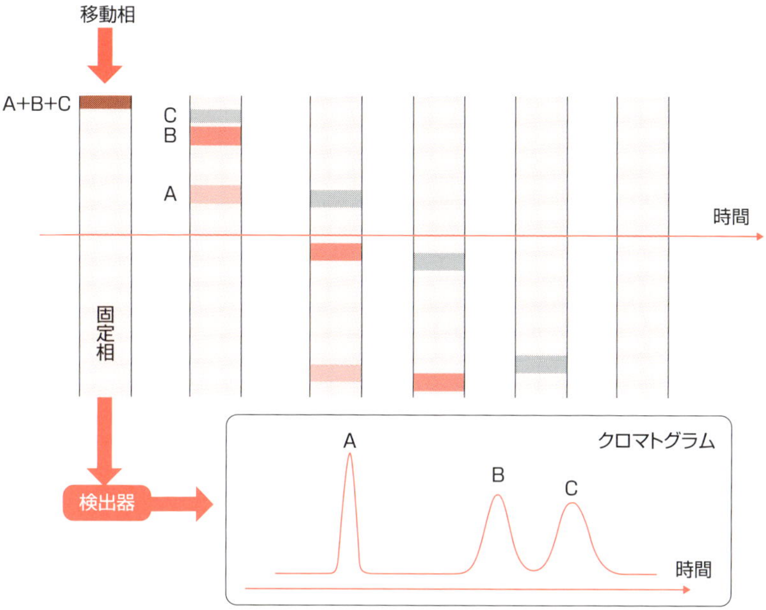

移動相
A+B+C
C
B
A
時間
固定相
検出器
クロマトグラム
A
B
C
時間

イオン交換クロマトグラフィーによるランタノイド金属イオンの分離

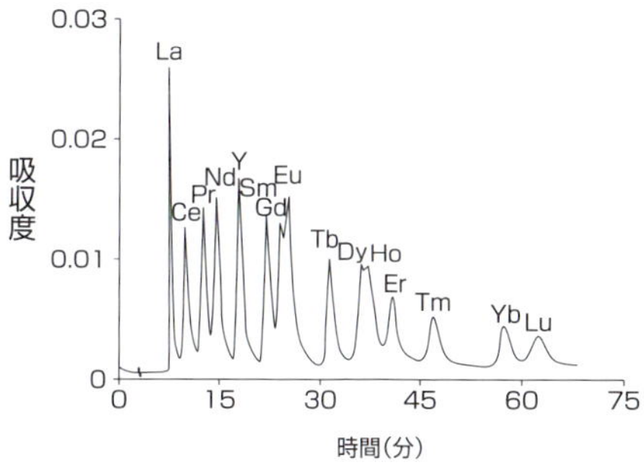

0.03
0.02
0.01
0
吸収度
La
Ce
Pr
Nd
Y
Sm
Gd
Eu
Tb
Dy
Ho
Er
Tm
Yb
Lu
0
15
30
45
60
75
時間(分)

(*Anal. Commun.* 1997, 34, 7.)

イオン交換クロマトグラフィーによる唾液中のヒ素化学種の分離

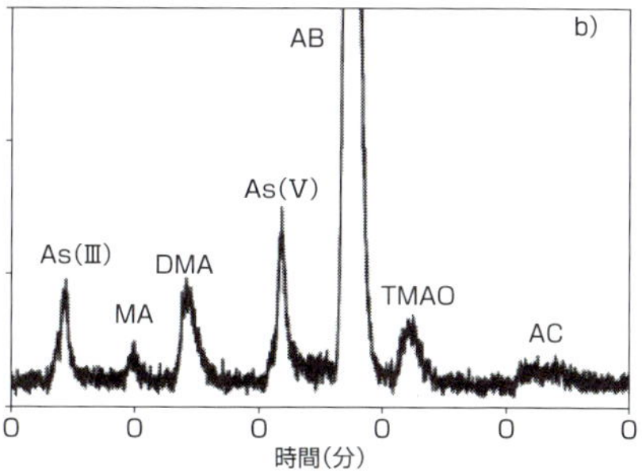

b)
AB
As(Ⅲ)
MA
DMA
As(Ⅴ)
TMAO
AC
0
0
0
0
0
0
時間(分)

MA：メチルヒ酸、DMA、カコジル酸、
TMAO、トリメチルアルシノキサイド、
AB：アルセノベタイン、AC：アルセノコリン
(*J. Anal. At. Spectrom* . 2008, 23,1263)

41 光学異性体の分離

鏡面対称体の分離方法

光学異性体（キラル）とは、右手と左手の関係にある化合物のことを指します。例えば、炭素（C）に4つの異なる置換基が反応すると鏡面対称となり、このような化合物を光学異性体と呼びます。一般的に右手の化合物はR（rectus）体、左手はS（sinister）体と略されます。生体有機分子では右手をD、左手をL体で示し、金属錯イオンでは右手、左手をそれぞれΔ、Λ体と表すことが慣例です。RとS体の混合比が1：1をラセミ体、光学異性体でないものをアキラルと呼びます。

光学異性体は鏡面対称以外は全く同じ性質で、通常、分離は困難です。生物界では、アミノ酸はL体を、糖類はD体を利用しています。我々の体もアミノ酸や糖類の光学異性体を識別しています。しかし、医薬品で光学異性体を分離しなかったために障害をもつ子供が生まれた不幸な事件があり、その後、光学異性体の分離や不斉合成は非常に盛んに研究されるようになりました。

光学異性体の分離法は主として2通りあります。ラセミ体にRかS体を反応させる方法と、吸着剤にキラルな場を作る方法です。ラセミ体にR体を反応させると、分子はR－RとS－Rとなり異なる分子となるため、溶解度やイオン交換、吸着挙動の違いなどで分離ができます。吸着剤となる層状粘土鉱物の層間イオンとΔまたはΛ体錯イオンを交換した複合体は、層表面の錯イオンが規則的に配列するためにキラルを識別する吸着剤になります。Δ体の複合体にラセミ体を吸着させると、Λ体のみが選択的に吸着され、分離が可能になります。また、層状粘土鉱物に銅とL－アミノ酸錯体をイオン交換しキラルな場を作り、その複合体を用いてアミノ酸の光学異性体の分離を行う方法もあります。その他、高分子にフェニル基などを置換し、キラルな場を作り、光学異性体カラムなどが作製されています。

要点BOX

- ラセミ体を処理しアキラル物質にして分離
- 層状粘土鉱物にキラル錯体を吸着し、キラル分離剤による吸着分離

光学異性体の模式図

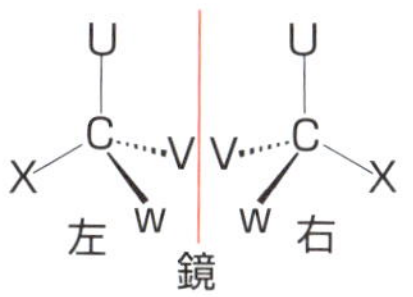
U
C
V
X
W
左
右
鏡

反応による光学異性体の分離

ラセミ体 R1とS1体 ＋ 光学異性体 S2体 → 生成物 R1-S2とS1-S2

溶解度　R1-S2 ＞ S1-S2 ならば　温度降下で
S1-S2:先に結晶
R1-S2:溶液の中

生成物 R1-S2とS1-S2 —加水分解など→ 分離 R1体またはS1 体 ＋ 光学異性体 S2体

Λ と Δ 体の模式図と Δ 体と層状粘土鉱物複合体に Λ、Δ 体を吸着させた模式図

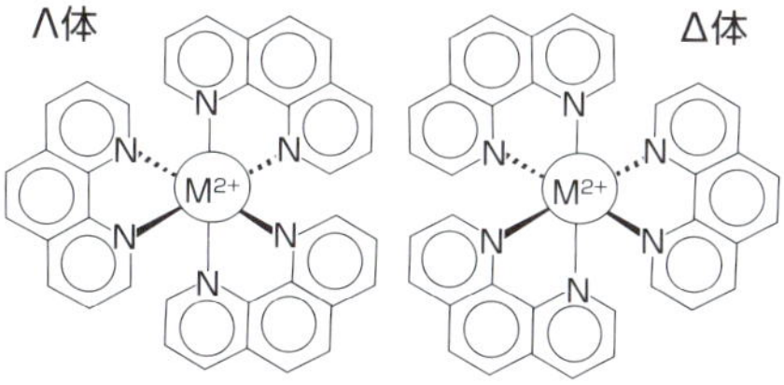
Λ体
Δ体
N
M2+

複合体の Δ 体の吸着位置

複合体へ Λ 体が吸着したときに吸着位置

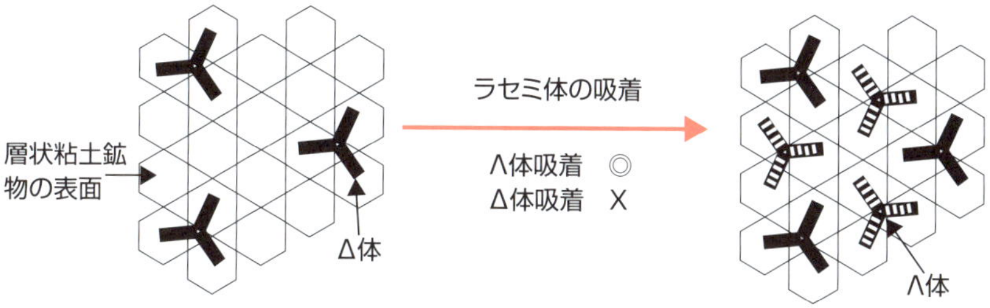
層状粘土鉱物の表面
Δ体
ラセミ体の吸着
Λ体吸着　◎
Δ体吸着　X
Λ体

42 イオン交換と超分子

超分子形成に基づくイオン認識

「超分子」とは、複数の分子が水素結合などの弱い相互作用に基づいて複合体を形成し、この複合体が個々の分子の機能を超えた新しい機能を発現する分子の総称です。イオン交換を伴うイオン認識試薬やイオン分離材料に、この超分子の機能を応用することができます。

例えば、シクロデキストリン（CD）は、空洞のサイズに適合した有機分子を水中に可溶化できます。比較的大きな空洞をもつγ-CDに様々なクラウンエーテル型蛍光試薬を包接させた複合体が、CD空洞内での蛍光試薬の再配列を伴って、水中において非常に高い選択性でアルカリ金属イオンを認識することが報告されています。15-クラウン-5-エーテル環をもつ15C5-C3Pyは、水中においてK^+イオン選択的な二量体蛍光を示します。クラウンエーテル環のサイズを変化させた12C4-C3Pyおよび18C6-C3Pyはそれぞれ、Na^+イオンおよびCs^+イオンに選択的な蛍光応答を示します。

これらは、γ-CDと蛍光分子の超分子形成によって初めて発現される機能と言えます。

Barboiuらは、垂直に孔の空いたナノポーラスシリカ膜の細孔を疎水性のオクタデシル基をシランカップリングで化学修飾し、これに疎水性のクラウンエーテル型ウレイド試薬を導入したアルカリ金属イオンの人工イオンチャンネルを報告しています。この膜の中のクラウンエーテル部位は、アルカリ金属イオン認識に伴って、細孔内で動的な再配列を行うことができます。このためNa^+イオンとK^+イオンの透過選択性が、透過実験を行うたびに高くなる自己学習能を示すユニークなイオンチャンネルとなることを見出しています。

15-クラウン-5-エーテル環をもつ15C5-C6UAはNa^+イオン選択性、18C6-C6UAはK^+イオン選択性を示すユニークな超分子イオンチャンネルであると言えます。

要点BOX

- ●分子の複合化で現れる超分子機能
- ●シクロデキストリン複合体によるイオン認識
- ●イオンチャンネルの動的平衡と自己学習機能

超分子形成に基づくイオン認識

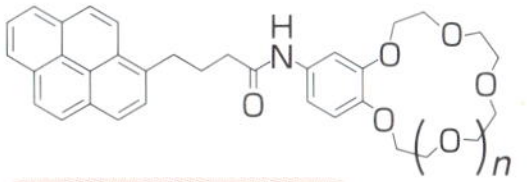

12C4-C3Py ($n = 0$)
15C5-C3Py ($n = 1$)
18C6-C3Py ($n = 2$)

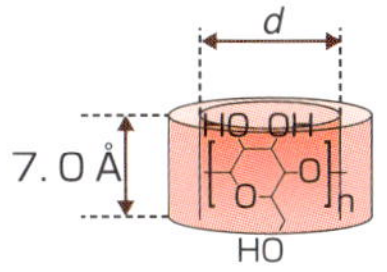
d
7.0 Å
HO OH
O
O
n
HO

		空洞直径…
種類	n	d / Å
α-CD	6	4.5
β-CD	7	7.0
γ-CD	8	8.5

(a)クラウンエーテル型蛍光試薬とシクロデキストリンの構造

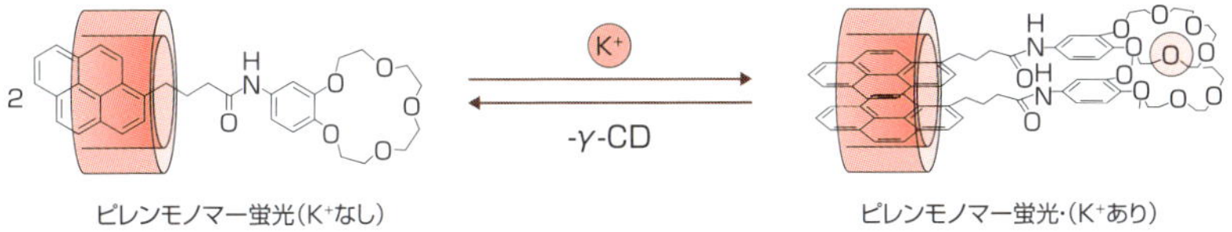
2
K+
-γ-CD
ピレンモノマー蛍光(K+なし)
ピレンモノマー蛍光·(K+あり)

(b)クラウンエーテル型蛍光試薬/ γ-CD複合体による水中でのアルカリ金属イオン認識[1)]

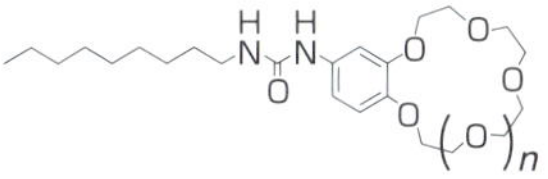

15C5-C6UA ($n = 1$)
18C6-C6UA ($n = 2$)

(c)クラウンエーテル型ウレイド試薬の構造

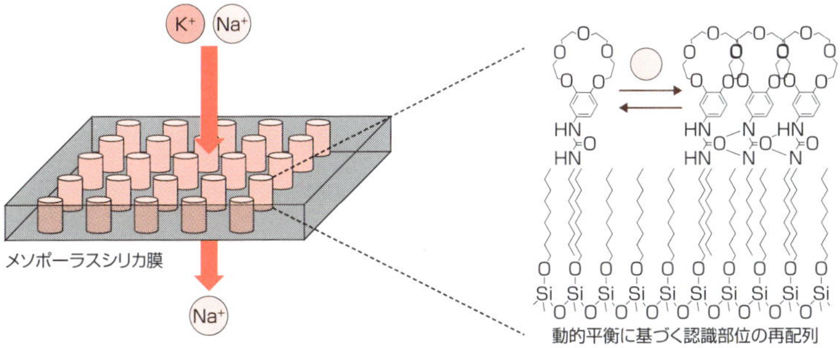
K+
Na+
メソポーラスシリカ膜
Na+
動的平衡に基づく認識部位の再配列

(d)ODS化学修飾メソポーラスシリカ膜内でのクラウンエーテル認識部位の動的再配列に基づくアルカリ金属イオン分離と自己学習機能[2)]

出典:
1)早下隆士, 築部 浩 : 分子認識と超分子, 共立出版, pp.157-174 (2007).
2) A. Cazacu, Y. -M. Legrand, A. Pasc, G. Nasr, A. V. d. Lee, E. Mahon, and M. Barboiu :
PNAS, **106** (20) 8117-8122 (2009).

43 カリックスアレーン

金属イオンをサイズで認識分離

大環状ホスト分子であるカリックスアレーンは、様々な化学修飾を施すことによって特定イオンに対して高選択性を示すイオン認識剤として利用できます。カリックスアレーン誘導体を高分子に組み込んだ新規イオン交換樹脂の開発が行われ、有害イオンの除去や有価イオンの回収が検討されています。

カリックスアレーンは、図に示すようにフェノールと架橋メチレンを単位構造とする大環状ホスト化合物で、その単位構造数［n］によって大きさが異なります。p-t-ブチルカリックス［4］アレーンを例として、その立体構造を示します。

機能化のためにカリックスアレーンにさまざまな化学修飾が施されます。金属イオンに対する認識機能発現のために必要な分子設計の指標因子を図に示します。認識機能については、カリックスアレーンの環員数・リム・コンフォメーション・官能基などの因子を適宜選択する必要があります。官能基の種類は分離性能に最も重要な因子で、目的イオンに対して予備配向した（予め適合した形状になった）特異構造による分離効果と導入する官能基の分離効果とを相乗しなければなりません。

このように設計されるカリックスアレーン誘導体ですが、溶媒抽出試薬として用いるには様々な欠点があります。特に、有機溶媒への低溶解度は致命的な欠点です。そこで、カリックスアレーン化合物をイオン交換樹脂として利用する研究が行われています。カリックスアレーンを含有するイオン交換樹脂は、ポリマー担持型、多孔性樹脂への含浸型、カリックスアレーン同士の架橋型、ビニル基重合型の4タイプに分類されます。

表にカリックスアレーンを含有するイオン交換樹脂の特徴を示します。それぞれ一長一短はありますが、それぞれの特徴を活かしつつ、イオン交換樹脂の開発がなされています。

要点BOX

- 大環状化合物のサイズ認識機能の効果と官能基の効果の相乗効果で金属イオンを認識し、相互分離

カリックス[n]アレーンとp-t-ブチルカリックス[4]アレーン

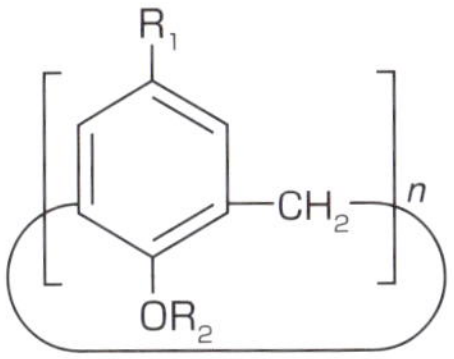
R1
CH2
n
OR2

n：環員数（4～20程度）
一般的には4、6、8が多い

R_1、R_2：置換基

右の例ではn=4、
R_1=t-ブチル基、R_2=H

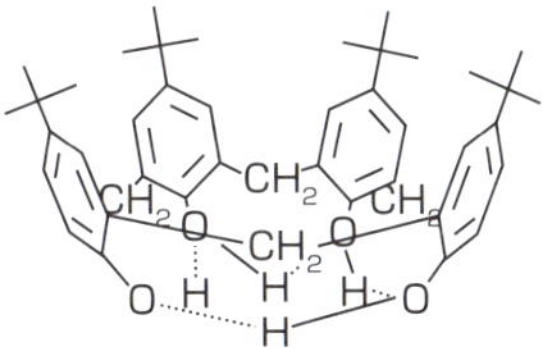
CH2
CH2
CH2
CH2
O
H
O
H
H
H
O
O

金属分離剤としてのカリックスアレーンの分子設計の指標因子

（1）ターゲットイオンの把握

（価数、HSAB、配位数、イオンサイズなど）

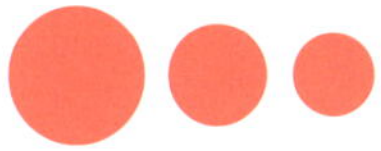

（2）環員数の選択

（配位サイズ、コンフォメーションなど）

（3）リムの選択

（配位サイズ、合成の容易さなど）

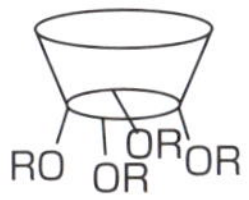
RO
OR
OR
OR

アッパーリム
環の広がり 大

ローワーリム
環の広がり 小

（4）コンフォメーションの選択

（配位サイズ、配座数など）

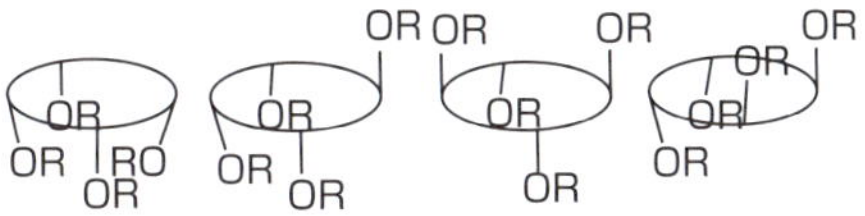
OR
OR
RO
OR
OR
OR
OR
OR
OR
OR
OR
OR
OR
OR
OR
OR

（5）官能基の選択

〔HSAB配位サイズ、配座数
錯形成の形状（イオン交換・配位）など〕

HSAB：Hard and Soft Acids and Bases

カリックスアレーン誘導体を含有するイオン交換樹脂の模式図

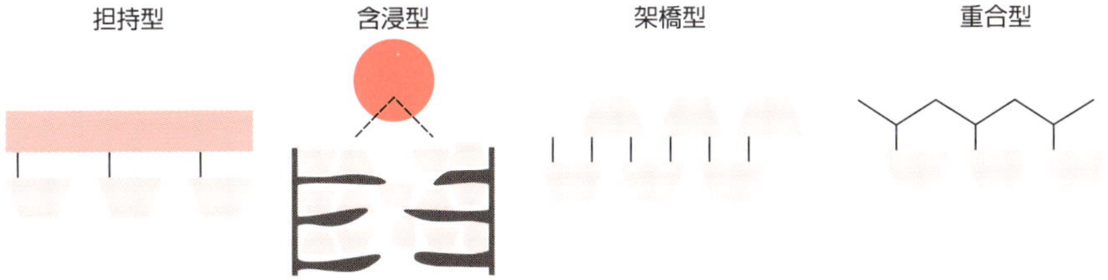
担持型
含浸型
架橋型
重合型

	担持型	含浸型	架橋型	重合型
調製の容易さ	やや容易～難	容易	やや容易	難
操作適正（形状）	操作容易	操作容易	操作容易	操作容易
高分子母体の影響（吸着時）	無～有	無～有	無	無
飽和吸着量	中～低	低	高	高
選択性	高～低	高～低	高	高
溶離の容易さ	容易	容易	容易	容易
安定性（耐久性）	安定	やや不安定	安定	安定

44 イオン液体

室温で液体として存在する塩

イオン液体は、水や有機溶媒と異なる特徴をもつ第3の液体として注目を浴びています。イオン液体とは、陽イオンと陰イオンのみからなる塩でありながら室温付近でも液体として存在する物質です。無機塩の場合は融点が非常に高く、室温では固体ですが、非対称で嵩高い有機塩にすることで融点が低下します。

典型的なイオン液体の分子構造を図に示しますが、様々なイオンを容易に合成できるため、その組合せは無限に可能です。イオン液体の略号は、一般に陽イオンと陰イオンをそれぞれ[ ]で括って表記し、例えば1-ethyl-3-methylimidazolium陽イオン(C_2mim^+)とbis(trifluoromethanesulfonyl)imide陰イオン(Tf_2N^-)からなるイオン液体は$[C_2mim][Tf_2N]$のように略記されます。

イオン液体の特徴として、蒸気圧が極めて低く、難燃性で熱安定性が高いといった性質から、一般有機溶媒に比較して安全性が高く環境にやさしいといわれています。

また、イオンの組合せによって溶媒特性(極性、疎水性、溶媒混和性など)を制御できるため、目的に応じて自分好みのイオン液体を合成できることが最大の魅力です。例えば、イオン液体に疎水性の高い陰イオンを導入すると、イオン液体は水にも脂肪族系有機溶媒にも混ざらないようになり、高い極性と高い疎水性という一見矛盾した二元的性質が同時に導入できます。また、イオン液体に特定の官能基を導入することで、イオン液体自体に種々の機能を付与することができます。

このように、イオン液体は水や有機溶媒とは大きく異なる溶媒特性を有することから、従来にない新たなイオン交換媒体として大きな期待が寄せられています。これまで、イオン液体を用いてレアメタルやタンパク質の分離などが試みられています。

要点BOX
- ●難燃性で蒸発しない第3の液体
- ●環境調和型の溶剤として注目

イオン液体・・・室温で液体として存在する塩

陽イオン

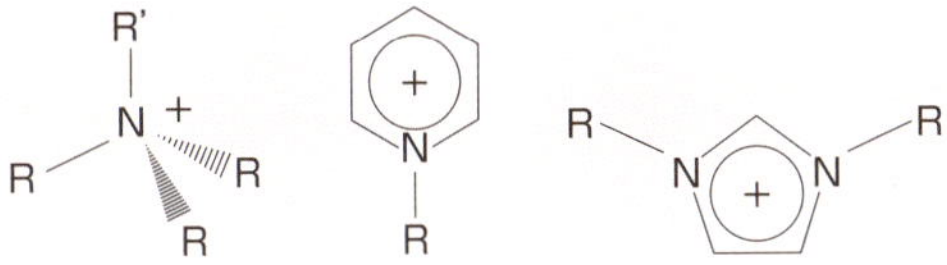
R'
N
+
R
R
R
N
R
R
N
N
R

イオン液体

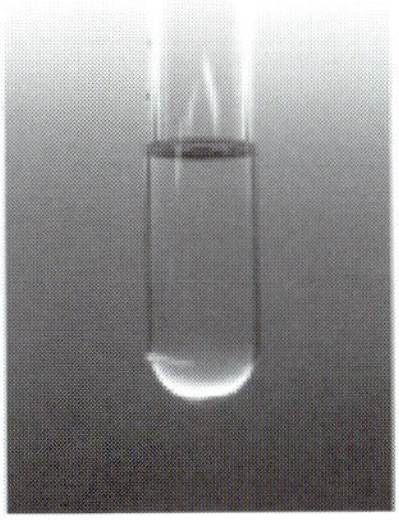

陰イオン

BF_4^-　PF_6^-　$(CF_3SO_2)_2N^-$

$AlCl_4^-$　$CF_3CO_2^-$　$CF_3SO_3^-$

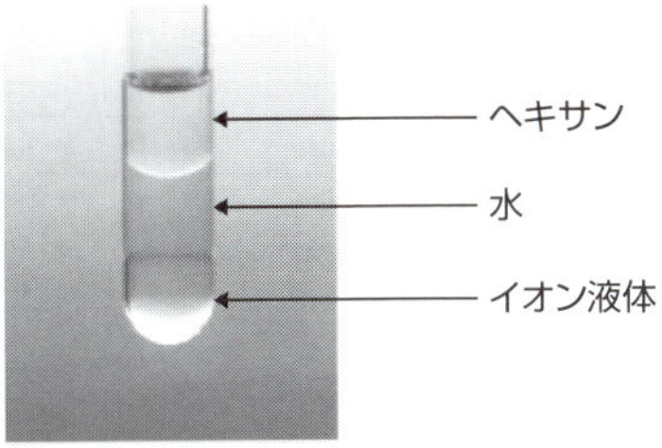
ヘキサン
水
イオン液体

$(CF_3SO_2)_2 2N^-$

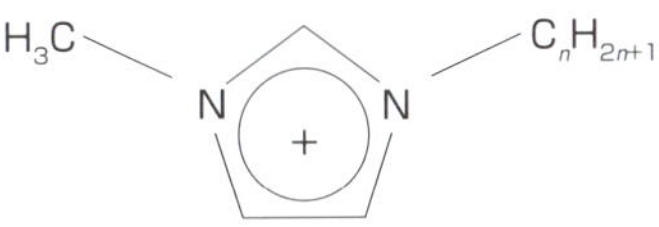
H3C
CnH2n+1
N
N
+

$[C_n mim][Tf_2N]$

n **= 4,8,12**

イオン液体によるレアアースの抽出分離

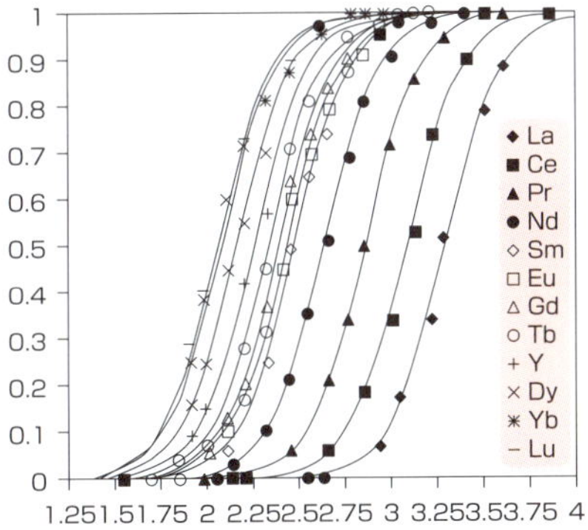
1
0.9
0.8
0.7
0.6
0.5
0.4
0.3
0.2
0.1
0
1.25 1.5 1.75 2 2.25 2.5 2.75 3 3.25 3.5 3.75 4
La
Ce
Pr
Nd
Sm
Eu
Gd
Tb
Y
Dy
Yb
Lu

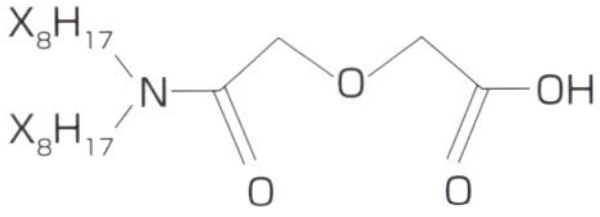
X8H17
N
X8H17
O
OH
O
O

$[C_8 mim][Tf_2N]$

イオン液体によるタンパク質の抽出

0 mM　5 mM　10 mM　50 mM

[クラウンエーテル]

上層：チトクロームc水溶液、下層：イオン液体

45 鋳型樹脂

分子内の「手」を正確にキャッチ

ある成分を分離・吸着する化学的な相互作用として、静電的相互作用は非常に強く、タンパク質などの生体高分子の分離にもイオン交換樹脂が広く使われています。一官能基同士の相互作用でもかなり強く吸着されますが、それが多点になった場合には、その吸着能は飛躍的に大きくなり、特定の分子を選択的に捕まえる機能につながります。このような作用は、我々の生体内でも利用されており、例えばクラーレ様物質の筋弛緩作用は、分子内の2つのアンモニウム基が同時に認識されることに起因しており、この分子認識を利用した筋弛緩剤も実際に利用されています。

同様の官能基間距離認識を分離場として応用した例がイオン交換型の鋳型樹脂で、分子インプリント法という人工分子認識媒体の合成法を応用した技術です。分子インプリント法では、特定の分子の三次元的な形、官能基の位置を高分子内部に記憶させますが、イオン結合型錯体を用いることで距離認識に基づく分子認識を得ることができます。

左頁の上の図は、架橋高分子表面に認識場を導入した際のイメージを示しますが、このようにして得られた樹脂を用いることで、目的物質（ここでは麻痺性貝毒のサキシトキシン同族体）が貝抽出物から選択的に取り除くことができます。一般的なイオン交換樹脂を用いた場合には共存成分との分離が困難ですが、距離認識の効果によって分子選択性が飛躍的に向上し、天然毒物の効率的な分離・精製が可能になります。さらに同手法は金属ナノ粒子などの無機材料にも応用することができ、例えば光触媒性の酸化チタンナノ粒子表面に認識場を構築することで目的物質の選択的な吸着と光分解を同時に達成することができます。

このように鋳型樹脂の技術は、様々な機能性材料へ応用することで多岐にわたる分野での活躍が期待できます。

要点BOX

●イオン結合型錯体を材料表面に導入
●分子内の官能基間距離を認識
●目的物質を正確に捕捉

多孔性樹脂表面への分子認識場の導入

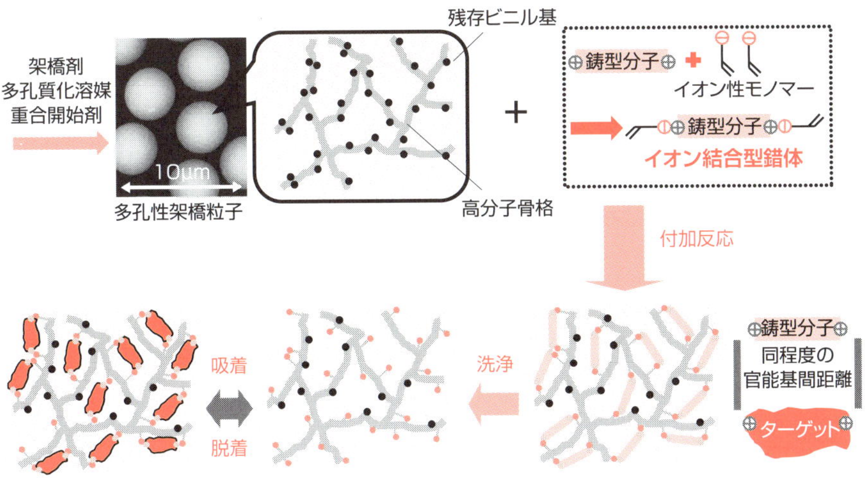

架橋剤
多孔質化溶媒
重合開始剤
10μm
多孔性架橋粒子
残存ビニル基
高分子骨格
⊕鋳型分子⊕
イオン性モノマー
⊕鋳型分子⊕
イオン結合型錯体
付加反応
洗浄
吸着
脱着
⊕鋳型分子⊕
同程度の
官能基間距離
⊕ターゲット⊕

酸化チタンナノ粒子表面への分子認識場の導入

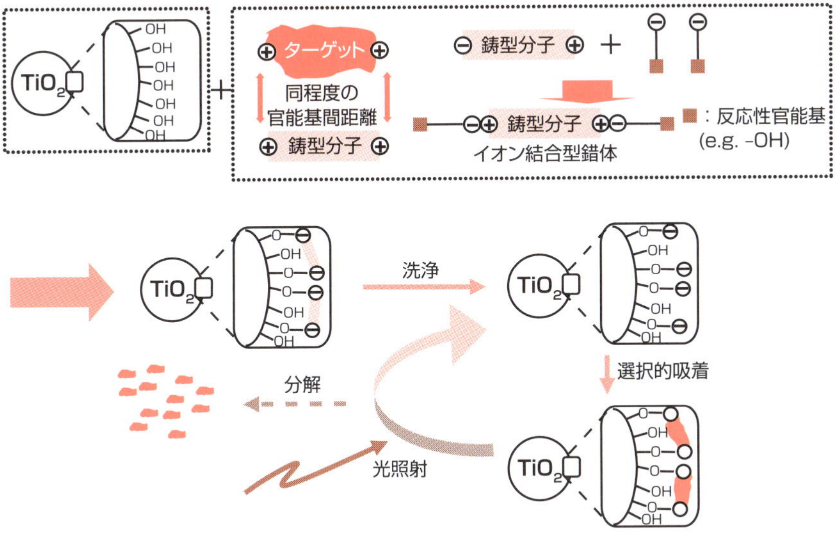

TiO2
OH
ターゲット
同程度の
官能基間距離
鋳型分子
イオン結合型錯体
：反応性官能基
(e.g. -OH)
洗浄
選択的吸着
分解
光照射

46 pHを測る

ガラス膜がpHに応答

pHとは、溶液の酸性度を表す指標です。最近では「お肌のpH」や「食生活のpH」というように私たちの生活でも耳にすることが多くなってきました。pHが7の溶液を中性、pHが7より低い溶液を酸性、pHが7より高い溶液をアルカリ性と呼びます。溶液の酸性、アルカリ性は、溶液中の水素イオン濃度により決まります。pHを測るということは、水素イオン濃度を測ることを意味します。

現在主流のpH測定法は、ガラス電極を用いた電位差測定法です。この方法は、溶液のpHに応じて電位が変化するガラス電極と、溶液のpHに依存せず電位が一定である比較電極の2本の電極を試料に浸漬させ、pH計を用いて2本の電極間に発生している電位差(電圧)を測定しpHに変換します。

ガラス電極では、金属酸化物を添加したガラス膜が試料と接触します。その接触面での電位差が試料中の水素イオン濃度によって変化します。一方、比較電極では、液絡部(試料溶液と内部液の接合部)を通して内部液の塩化カリウム水溶液を測定中に絶えず試料側に流出させることにより、精確に電位差を測れるようにしています。

現在のpH電極は、ガラス電極と比較電極が1本の電極に複合されています。多様な測定ニーズに応えるため、用途に特化したpH電極が開発されてきました。正しくpHを測定するには、用途に適した電極選びが重要です。例えば、有機溶媒、高粘性、懸濁液などの測定には、塩化カリウムの流出量の多いスリーブ型の液絡部が適しています。固形物の表面測定には平面型のpH電極が最適です。最近では、測定が難しい純水やイオン交換水などの低電気伝導率試料のpHを正確に測定できるイオン液体型比較電極を搭載したpH電極も開発されました。これらの豊富なバリエーションの電極を使い分けることでpH測定の範囲が広がります。

要点BOX
- ●pHを測るとは水素イオン濃度を測ること
- ●溶液のpHに応じてガラス電極の電位が変化
- ●測定用途に最適な電極の選択が重要

ガラス電極を用いたpH測定

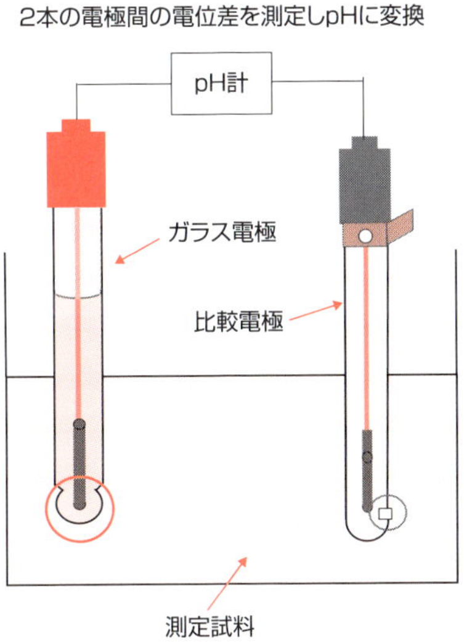

2本の電極間の電位差を測定しpHに変換
pH計
ガラス電極
比較電極
測定試料

pHガラス複合電極の構造

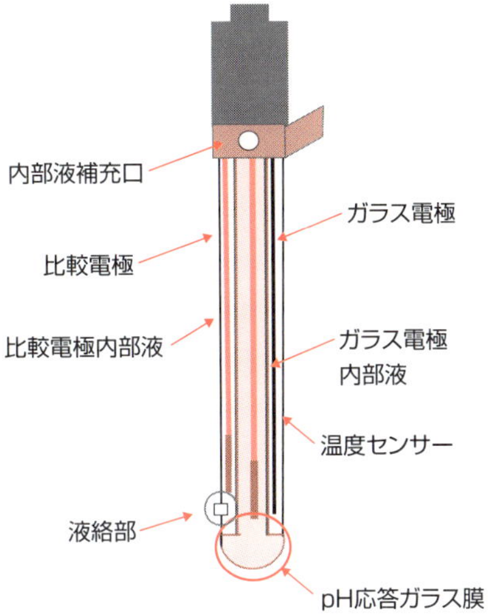

内部液補充口
ガラス電極
比較電極
比較電極内部液
ガラス電極
内部液
温度センサー
液絡部
pH応答ガラス膜

pH計の種類

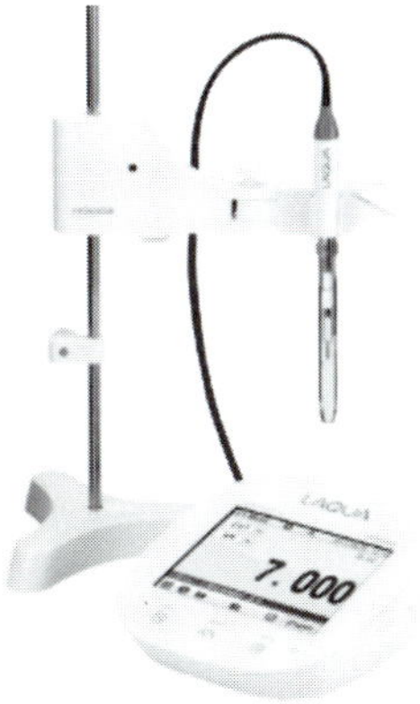

LAQUA
7.000

実験机などで使用する
卓上型

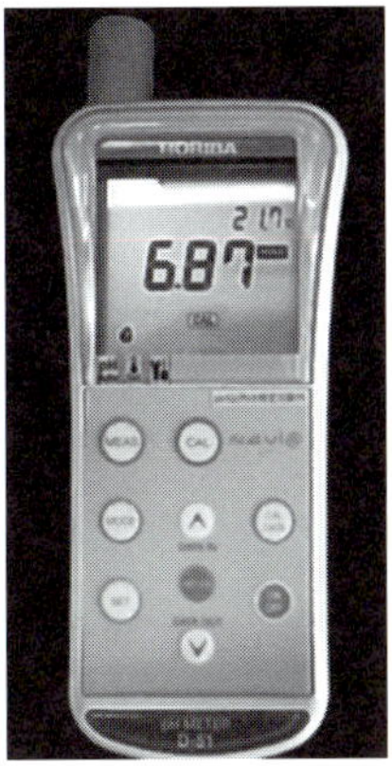

HORIBA
6.87

持ち運び可能な
ハンディタイプ

pH
LAQUAtwin

電極と計器が一体となった
スティックタイプ

47 臨床検査にも活用されるイオン選択性電極

健康診断などで実施される血液検査の項目の一つに電解質濃度測定があります。そのなかでもナトリウム、カリウム、クロール（塩化物イオン）の3項目は、その重要性から広く測定され、その手法にはイオン選択性電極が採用されています。

イオン選択性電極は、様々なイオンが含まれる溶液であっても文字通り対象イオン濃度を選択的に測定できる電極です。これらの電極は、電極膜と呼ばれる応答部を介して溶液中の対象イオンを捕捉し、これに伴う電位の変化を参照電極との電位差という形で検出します。この電極膜による対象イオンの捕捉量は溶液中の対象イオン濃度に応じており、溶液中の対象イオンが減少すれば、捕捉される対象イオン量も減少します。この電位と対象イオン量の関係は「ネルンストの式」として知られ、これを利用して電位差から溶液中のイオン濃度を求めているのがイオン選択性電極です。pH電極もイオン選択性電極の一つで、電極膜に相当する部分を変えることによって溶液中の水素イオン濃度、ひいてはpHを算出しています。

このように電極膜はイオン選択性電極の要とも言える部分で、様々な検討がなされてきました。現在のナトリウム、カリウムイオン選択性電極は、基材となるポリ塩化ビニルなどの高分子物質と対象イオンを捕まえるリガンドを電極膜の主原料とし、ナトリウム選択性リガンドはクラウンエーテル誘導体が、カリウム選択性リガンドはバリノマイシンが広く用いられています。これらのリガンドは、リガンド中のイオンを捕捉する部分と対象イオンの大きさが近いほど他のイオンには反応しないなど優れた性能を示します。一方、クロール選択性電極膜は塩化物イオン選択性リガンドが実用化されていないため、四級アンモニウム塩やイオン交換樹脂などを用いて、異なる原理に基づく電極膜が作られています。

要点BOX

- ●混合溶液でも対象イオン濃度を測定可能
- ●電極膜変更により様々なイオンを測定可能

イオン選択性電極を電極を用いた測定装置

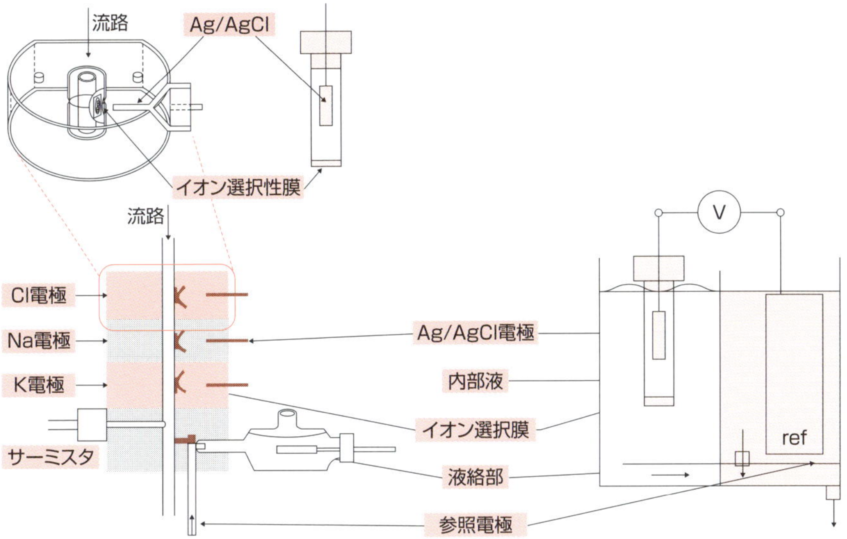
流路
Ag/AgCl
イオン選択性膜
流路
Cl電極
Na電極
K電極
サーミスタ
Ag/AgCl電極
内部液
イオン選択膜
液絡部
参照電極
V
ref

イオン濃度と捕捉量の関係

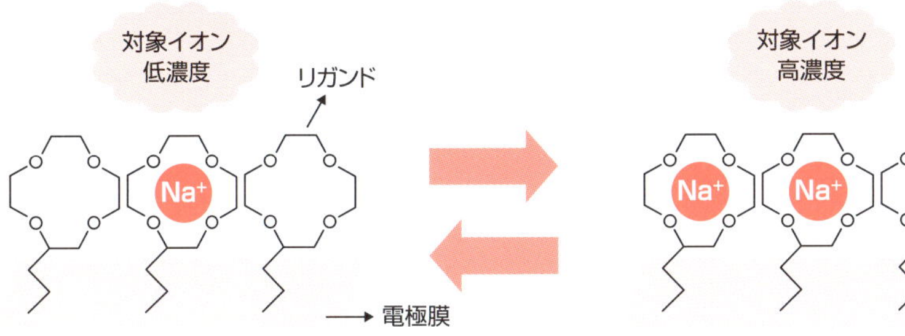
対象イオン
低濃度
リガンド
対象イオン
高濃度
Na+
電極膜

ネルンストの式

$$E_w = E_0 + \frac{RT}{nF}\log_e a$$

E_w：測定電位　E_0：標準電位
R：気体定数　n：イオン価数
F：ファラデー定数　a：対象イオン活量

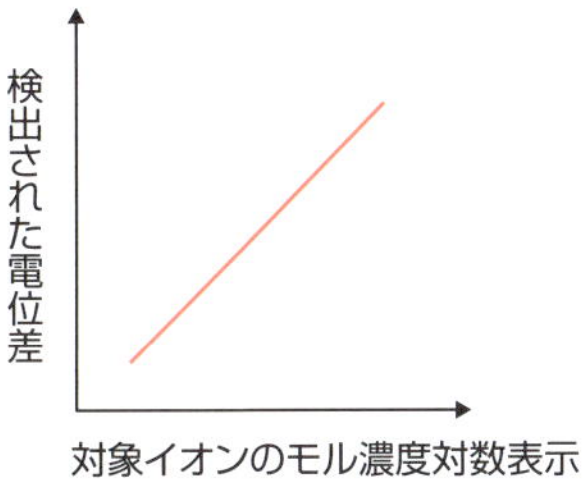
検出された電位差
対象イオンのモル濃度対数表示

48 ガスセンサー

固体電解質を用いて酸素濃度を電圧で計る

我々の身の回りには多種多様の「センサー」があり、種々の機器類を正しく動かすための「触覚」として働いています。人間で言えば目、耳、舌などの五感がそれに当たります。身の回りのセンサーを探してみると、天井に取り付けられた火災防止用煙センサーや、玄関に設置した自動点滅器、冷蔵庫……。数え上げたらきりがないほど多くのセンサーに守られて我々は生活しています。

ガスセンサーはいろいろな科学原理に基づいてその役目を果たしています。例えば、台所の天井に設置された可燃性ガスセンサーは、ガス管から漏れたメタンなどの可燃性ガスが接触すると半導体（酸化スズ）の中の電子の数が増えて抵抗が下がり、電流が変化することを利用しています。

空気中の酸素ガスや炭酸ガスのセンサーには特定のイオンだけを通すセラミックスが使われています。原理を図に示しましょう。例えば、酸化物イオン（O^{2-}）だけを通すZrO_2をベースとしたセラミックスを使い（数百℃の高温で）両端に電極を付けます。右の方の酸素圧力が高いと、電極から電子をもらってO^{2-}となり、左へ移動、そこで電子を失ってO_2になります。このとき、左右の電極に酸素圧力の対数に比例する電圧が発生するので、右側の酸素圧力を決めておけば左側の酸素圧力を測定できるというわけです。心臓部は酸化物イオンだけ選択的に通すセラミックス（O^{2-}イオン導電体）です。

この原理を使った例に自動車から未燃焼の炭化水素ガスを減らすための装置があります。出口の触媒の両端に酸素ガスセンサーを付け、両方の電位差が最小になるように吸気系での空気の混合量をコントロールします。こうすれば完全燃焼に近い条件でエンジンが動くというわけです。特定のイオンだけを通す固体を使ったセンサーには、このほかに炭酸ナトリウムを使った炭酸ガスセンサーなどがあります。

要点BOX
- ●固体の中でもイオンは流れる
- ●「電極」はイオンと電子が交換する場
- ●「濃度」は力、濃度差は電圧を発生する

O_2^-導電体を使った酸素ガスセンサーの原理

電極反応：$O_2 + 4e^- = 2O^{2-}$

起電力　：$\Delta E \propto \ln\{(P(左)/P(右)\}$

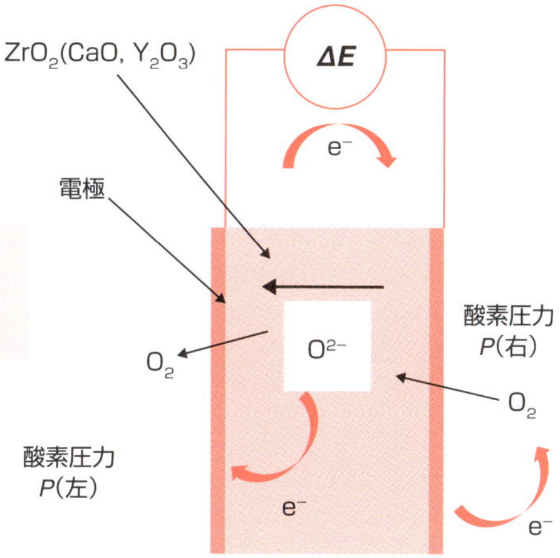

ZrO2(CaO, Y2O3)
ΔE
e−
電極
O2
O2−
酸素圧力
P(右)
O2
酸素圧力
P(左)
e−
e−

自動車の排気ガスセンサー

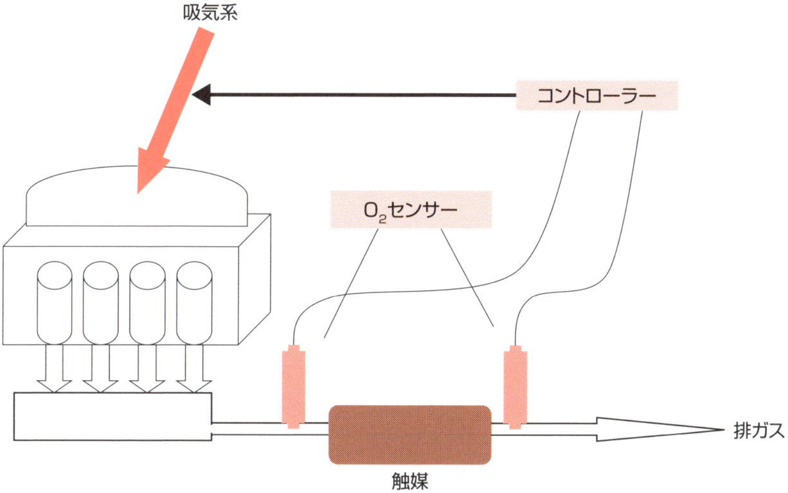

吸気系
コントローラー
O2センサー
排ガス
触媒

触媒の前後で酵素ガス濃度の変化を検出し、
吸気とガソリンの混合比が最適になるようにしてコントロールする。

Column

海水中の微量元素を測る

海水には、地球上のあらゆる元素が溶けています。その濃度は元素によって大きく異なり、15桁以上の違いがあります。

濃度が1ppm以下の微量元素のほとんどは直接定量ができません。主要成分が定量を妨害します。また、超微量元素の濃度は分析機器の検出限界以下です。したがって、定量に先だって微量元素を分離・濃縮する必要があります。このとき、微量元素が雰囲気、試薬、器具などから汚染混入することを防がねばなりません。この技術はクリーン技術と呼ばれます。

海水中微量元素の分離・濃縮には固相抽出法が有効です。固相抽出法は操作を閉鎖系で行えるので、クリーン技術に適しています。

アルカリ金属やアルカリ土類金属などの主要成分から微量元素を分離するにはキレート配位子が役立ちます。キレート配位子と金属イオンとの配位結合の安定度は元素によって大きく異なるため、選択的な条件を設定しやすいのです。また、キレート配位子は1つの金属イオンと複数の配位結合をつくるため、その錯体はきわめて安定です。

キレート配位子を化学結合した固相、一般にキレート樹脂と呼ばれるものは、物理的・化学的に安定であり、繰り返し使用も可能です。

キレート樹脂で多用されてきた配位子はイミノ二酢酸基です(商品名Chelex-100など)。この配位子は、アミンの窒素原子、2つのカルボン酸水酸基の酸素原子を介して金属イオンと3つの配位結合を形成できます。しかし、このキレート樹脂では、マグネシウム、カルシウムなどと微量元素を定量的に分離することは難しいです。

近年、エチレンジアミン三酢酸基を有するキレート樹脂が開発されました(商品名NOBIAS CHELATE-PA1)。この配位子は、キレート滴定で汎用されるエチレンジアミン四酢酸(EDTA)と似た構造で最大五配位を取るため、微量元素に対してきわめて強力かつ選択的です。

このキレート樹脂を用いれば、pH6に調節した海水からアルミニウム、マンガン、鉄、コバルト、ニッケル、銅、亜鉛、カドミウム、鉛などを定量的に濃縮し、かつマグネシウム、カルシウムなどを海水中濃度の1000分の1以下に抑えることができます。

第6章

イオン交換とエネルギー

H+
Cl-
Na+
ClO4-
OH-
NO3-
Zn2+
Ca2+
SO4 2-

49 燃料電池とイオン交換

イオン交換膜は燃料電池のキーパーツ

燃料電池は化学エネルギーを電気エネルギーに直接変換する高効率な発電装置です。天然ガスなどを燃料とする家庭用コジェネレーションシステム「エネファーム」は急速に販売台数が伸びています。また、燃料電池自動車（FCV）も2015年には一般販売が開始されます。クリーンで資源を有効に活用できることに加え、将来はFCVから住宅への電力供給など、スマートグリッド（次世代送電網）の中でも重要な構成要素として期待されています。

水素を燃料とする水素燃料電池を例に挙げて発電原理を説明します。水素と酸素が反応すると、水と熱が発生します。この反応は極めて速いため、宇宙ロケット用エンジンの推進剤として利用されています。一方、触媒上で水素と酸素を触れさせると低温で穏やかに反応させることが可能です。ここで、電子は通さないがイオンは透過する隔膜で水素と酸素を隔離します。膜の両側に触媒を接合すると低温でも水素分子は触媒の作用で簡単に水素イオンと電子に分かれ負極となります。2つの電極を導線で結合すると、反対側の正極では酸素＋電子＋水素イオンの結合反応が起こり、水分子が生成します。全体としては水の電気分解の逆反応が起こっているわけです。理論起電力は約1.2Vです。水素と酸素の化学エネルギーが直接に電気エネルギーに変換されたことになります。理論的な効率は84%ですが、実際には電流を流すと隔膜の抵抗や電極上での反応を加速するための余分の電圧が損失となります。損失低減のため、20㎛以下の薄膜が使用されています。

イオン交換性の隔膜としては、陽イオン交換膜、陰イオン交換膜、安定化ジルコニア（固体電解質）などがあり、導電機構は異なります。イオン交換膜を用いるタイプをPEFC（Polymer Electrolyte Fuel Cell）、固体電解質を用いるタイプをSOFC（Solid Oxide Fuel Cell）と言います。

要点BOX

- ●電解質が固体のPEFCとSOFCの開発が加速
- ●PEFCとSOFCのエネファームが販売
- ●FCVには高出力のPEFCが搭載されている

燃料電池の発電原理

(1)気相燃焼

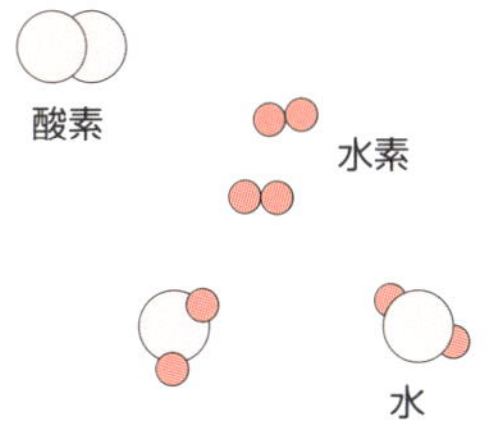

酸素
水素
水

高温･高速反応 → ロケット噴射剤に使用

(2)触媒を持ってくる

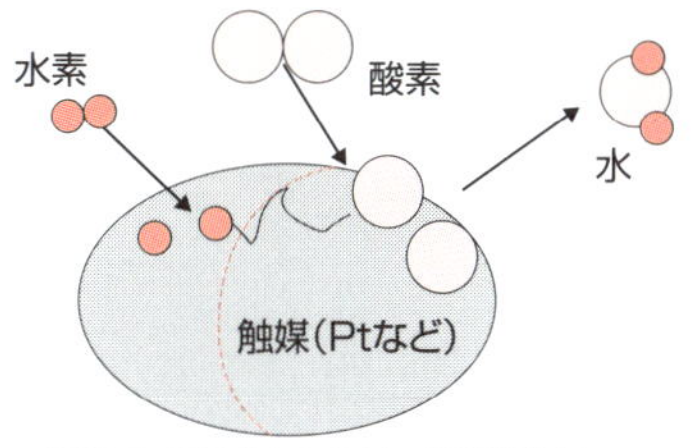

水素
酸素
水
触媒(Ptなど)

爆発せず穏やかに反応(触媒燃焼)

(3)さらに、触媒を2つに割って、その間にイオン交換膜を入れると…

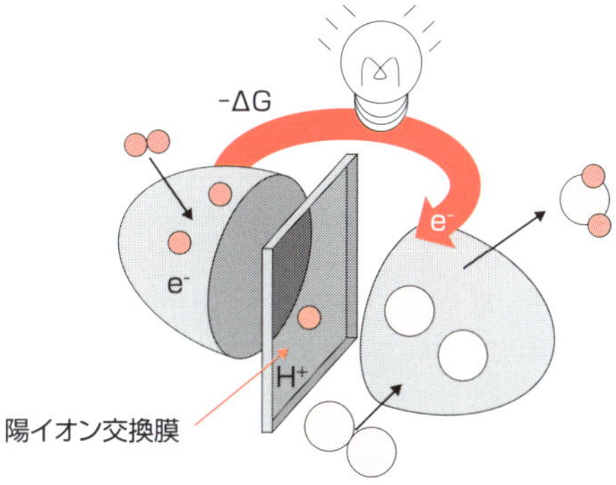

-ΔG
e⁻
e⁻
H⁺
陽イオン交換膜

触媒上でできた水素イオンは
膜を通って反対側に移動。
さらに、2つの電極をリード線で結ぶと
電子が負極から正極に流れる。
↓
穏やかな条件で発電できる。

※膜と触媒は接合されている:膜･電極接合体(MEA：Membrane･Electrode Assembly)

燃料電池の種類

	アルカリ形AFC	固体高分子形 PEFC、DMFC	リン酸形PAFC	融解炭酸塩形 MCFC	固体電解質形 SOFC
電解質	酸化カリウム	イオン交換膜	リン酸	炭酸リチウム 炭酸カリウム	安定化ジルコニア Laガレートなど
イオン種(移動の方向)	OH^- (空気極→燃料極)	H^+ (燃料極→空気極)	H^+ (燃料極→空気極)	CO_3^{2-} (空気極→燃料極)	O_2 (空気極→燃料極)
燃料	純水素	水素MeOH	水素	水素 一酸化炭素	水素 一酸化炭素
作動温度	中低温型			高温型	
	50～150℃	70～100℃	170～200℃	600～700℃	600～1000℃
熱効率	45～55%	30～40%	35～45%	45～60%	50～65%

50 メタノール型燃料電池

包接で燃えないメタノール

メタノール型燃料電池は、携帯電話やパソコンのモバイル機器での適用のほか、防災用電源での適用が期待されています。しかしながらメタノールは引火点が11℃と低く、高濃度の液体のままでは消防法で危険物に分類されてしまいます。そのため、大量の保管や輸送に制限が発生します。例えば航空機や新幹線への持ち込みは禁止されています。

そこで注目されているのが、包接技術で包接化合物化された「固体状メタノール」です。引火点を40℃以上に上げることができ、消防法上、危険物ではなくなり、保管や輸送の制限がなくなります。包接化合物はホストゲスト化合物とも呼ばれており、環状や格子状のホスト分子の無機多孔質体の中にゲストであるメタノールが包み込まれた状態です。外観はホストですので固体ですが、内部には燃料のメタノールが入っているのです。

包接技術は身近なところで適用されており、家庭用品・医薬・化粧品・健康食品などで適用されています。P&G社の「ファブリーズ」は、水溶性のホストをスプレーし、水分が蒸発し結晶化するとき、臭い成分をゲストとして包み込んで閉じ込め、消臭しています。また、栗田工業で販売している強力な殺菌剤は作業者の手荒れが激しいことが悩みの種でしたが、包接化合物とすることでハンドリングが向上します。

健康食品や化粧品に含まれているビタミンEやコエンザイムQ10は空気中で酸化分解されやすい物質ですが、包接化合物として流通させることで、お腹の中に入るまでフレッシュな状態を維持することが可能になります。ホストとゲストには最適な組合せがあり、目的に応じてホストの使い分けを行います。

包接化合物のホストは選択性をもつことからイオン交換の一種としても注目されており、さまざまな分野で新しい適用方法が検討されています。

要点BOX
- ●メタノールは引火点が低く危険物に指定
- ●メタノールを包接化すると危険物でなくなる

固体状メタノール

包接化合物のイメージ

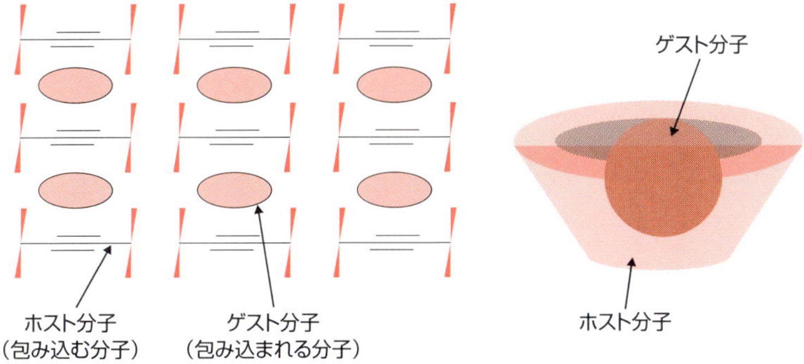

ゲスト分子
ホスト分子
（包み込む分子）
ゲスト分子
（包み込まれる分子）
ホスト分子

固体状メタノールの特長

	液体メタノール	固体状メタノール
引火点	11℃	40℃以上
消防法の制約	危険物 保管･輸送制限あり	非危険物
航空機への持込み	制限あり	制限なし
成 形	不可能	可能

51 固体高分子膜

燃料電池の心臓部は固体高分子膜

固体高分子膜は、イオン交換基をもつ高分子からなるイオン交換膜です。製塩や酸回収、超純水製造、食塩電解、燃料電池など幅広い用途がありますが、ここでは特に低温から使用できる燃料電池に使われる固体高分子膜について述べます。

燃料電池用途におけるその基本的役割は、燃料極で発生した水素イオンを空気極に運ぶことと、燃料ガスである燃料極側の水素ガスと空気極側の酸素ガスを遮断すること、さらには燃料極と空気極の短絡を防ぐことです。

左頁に固体高分子形燃料電池の発電原理を示します。カーボン担体と白金触媒とイオン交換高分子から構成される燃料極の白金触媒上で水素が水素イオンと電子に解離し、水素イオンは燃料極中のイオン交換高分子を通じて固体高分子膜に到達し、膜中を空気極側へと移動します。この時、水素イオンが移動しにくいと抵抗が大きくなって発電電圧が低下するので、なるべく水素イオンが移動しやすい膜が求められます。空気極側に移動した水素イオンは、さらに空気極中のイオン交換高分子を通じて空気極の白金触媒に到達し、そこで外部回路を通じて燃料極から移動してきた電子、および空気極側に供給される酸素と反応して水を生成します。

現在、燃料電池用膜として最も使用されている固体高分子膜は、左頁の図の示す化学構造をもつパーフルオロスルホン酸形高分子膜です。この高分子はほとんどがCとFの強い化学結合で結ばれているため、CとHの結合から構成される炭化水素系高分子より高い化学的安定性をもっていますが、このパーフルオロスルホン酸形高分子膜でも、燃料電池の高温や低加湿運転条件では分解が起こり、発電電圧が低下する課題がありました。しかし、この分解機構を解明し改良した結果、今では高温や低加湿などの過酷な条件においても耐久性の高い膜ができています。

要点BOX
- ●固体高分子膜は低温形燃料電池に使われる
- ●水素イオンが移動しやすい膜が必要
- ●よく使われるのはパーフルオロスルホン酸膜

固体高分子形燃料電池の原理

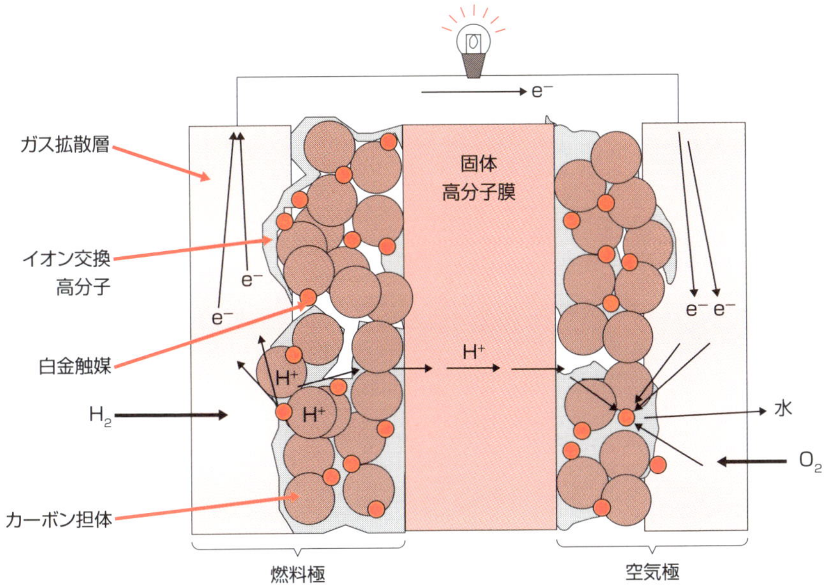

e⁻
ガス拡散層
固体
高分子膜
イオン交換
高分子
e⁻
e⁻
e⁻ e⁻
白金触媒
H⁺
H⁺
H⁺
H₂
水
O₂
カーボン担体
燃料極
空気極

パーフルオロスルホン酸形高分子の化学構造

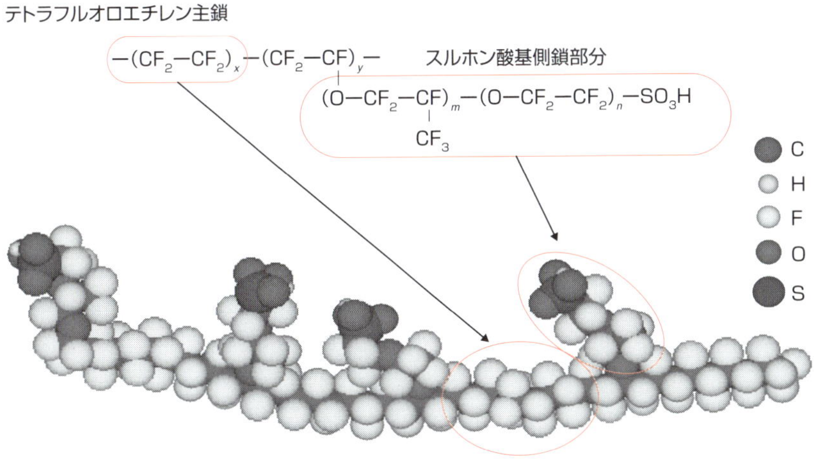

テトラフルオロエチレン主鎖
−(CF₂−CF₂)ₓ−(CF₂−CF)ᵧ−
スルホン酸基側鎖部分
(O−CF₂−CF)ₘ−(O−CF₂−CF₂)ₙ−SO₃H
CF₃
C
H
F
O
S

52 水素ステーション

水素を水から作る

自動車メーカーでは、燃料電池自動車の開発が進められています。また、水素を燃料電池自動車の燃料として利用するため、国家プロジェクトにより10カ所以上の水素ステーションが建設されています。それぞれ、石油や天然ガスを処理するときに発生する副生成水素を利用したもの、石油やガスから改質する設備を持ったものなど、特長あるステーションです。その中に、電気分解で発生した水素を利用するものもあります。

水を電気分解すると水素が発生することは理科の実験で経験があると思います。純水は電気を流しませんが、電解質としてNaOHやKOHを溶解させると電流が流せます。カソード（陰極）では水素が発生し、アノード（陽極）では酸素が発生します。酸素と水素が混ざってしまうと燃焼し、水に戻ってしまいます。そこで、電気は通すけれども液体や気体は通さない隔膜が採用されています。水を電気分解した水素は不純物が少なく、精製は不要です。

課題は、効率よく水素を発生させることです。トレーラーに水素発生器とコンプレッサーを載せ、夜間に水素ステーションを巡回することにより、安い深夜電力を使っての製造が可能となります。この方法では、複数のステーションを1台のトレーラーでまかなうことができ、ステーション1カ所当たりの設備費を低減することも可能です。車の台数が少なく水素の流通量が少ない段階では非常に有効な仕組みです。

また、水素発生器と燃料電池の組合せにより、電気を蓄える方法としても活用できます。再生可能エネルギーとして注目されている風力発電や太陽光発電は、天候によって発電量が変化する扱いにくい電気です。発電した電気を水素にして貯蔵し、使いたい時に燃料電池で電気に戻すことで、需要に合わせた供給が可能となります。

要点BOX

●巡回式は拠点の確保に有効
●電気の貯蔵方法としても注目

水の電気分解のしくみ

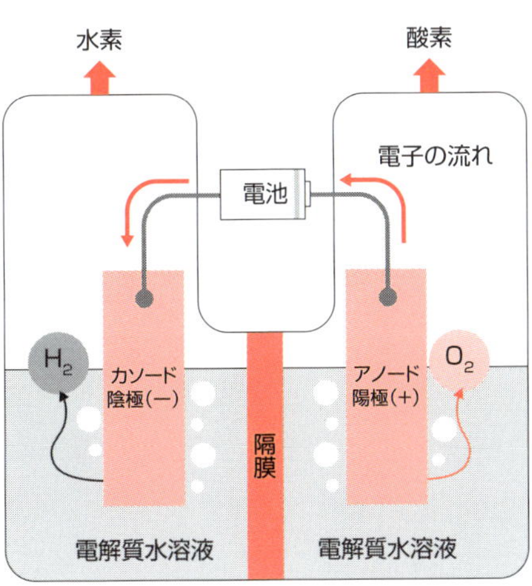
水素
酸素
電子の流れ
電池
H_2
カソード
陰極（−）
隔膜
アノード
陽極（＋）
O_2
電解質水溶液
電解質水溶液

トレーラーによる巡回のイメージ

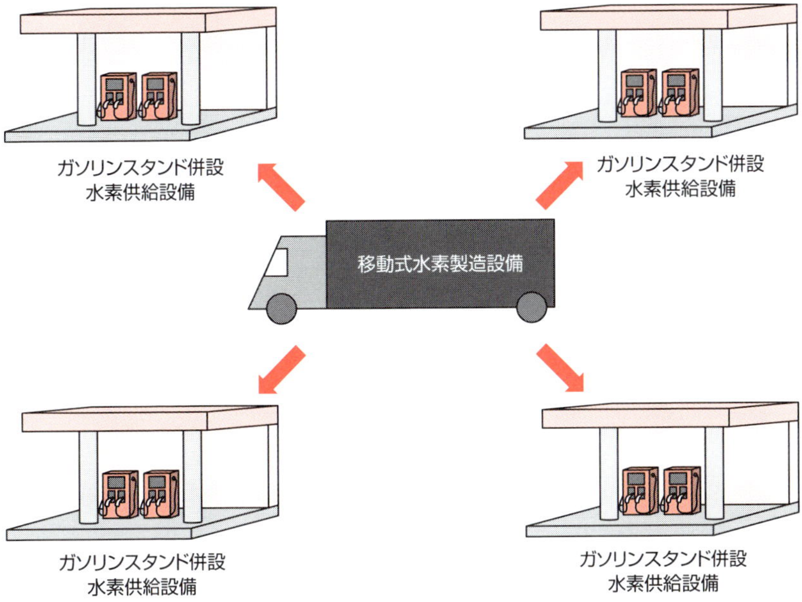
ガソリンスタンド併設
水素供給設備
ガソリンスタンド併設
水素供給設備
移動式水素製造設備
ガソリンスタンド併設
水素供給設備
ガソリンスタンド併設
水素供給設備

53 リチウムイオン電池

リチウムイオンの往復で電気を貯める

「リチウムイオン電池」は1991年に日本で初めて商品化された繰り返し充電と放電ができる二次電池です。重量や体積当たりのエネルギー容量が大きいため、携帯電話などの電源として広く普及し、私たちの生活スタイルを大きく変化させました。さらに電気自動車などの大型電源としての研究開発が行われており、環境・エネルギー問題の切り札となると期待されています。

このリチウムイオン電池の内部を簡単に表したのが左頁の上の図です。内部には大きく分けて「正極」、「負極」と「電解質」という3つの材料があります。正極・負極を合わせて「電極」と呼び、リチウムイオンを吸収したり放出する機能が必要です。この2つの材料では、リチウムイオンの安定性（ポテンシャルという）が異なっており、正極は負極に比べてリチウムイオンが安定になるような材料が選択されます。

下の図に示すように、外部電源から電力を与えて充電すると、そのエネルギーの分だけリチウムイオンはエネルギー的に不安定な負極へと強制的に押し上げられていきます。逆に、負極に貯まったリチウムイオンを正極に移動させることでエネルギーを放出して放電し、携帯電話などのデバイスを動作させます。2つの電極間をつなぐ電解質には、リチウムイオンを輸送する材料が必要となります。

現在の電池には、正極と負極にセラミックスと炭素材料が、電解質には有機電解液が使われています。この電解液はガソリンのように可燃性であるため、事故で爆発炎上するリスクがあります。特に電気自動車に搭載するような大型電池では深刻な技術的課題です。そのため、燃えないセラミックスを電解質に使う新しい電池が盛んに研究されています。

要点BOX

- 正極と負極でのリチウムイオンのやり取りで電気を蓄える
- 新しい安全な電解質材料の開発が求められる

リチウムイオン電池の材料

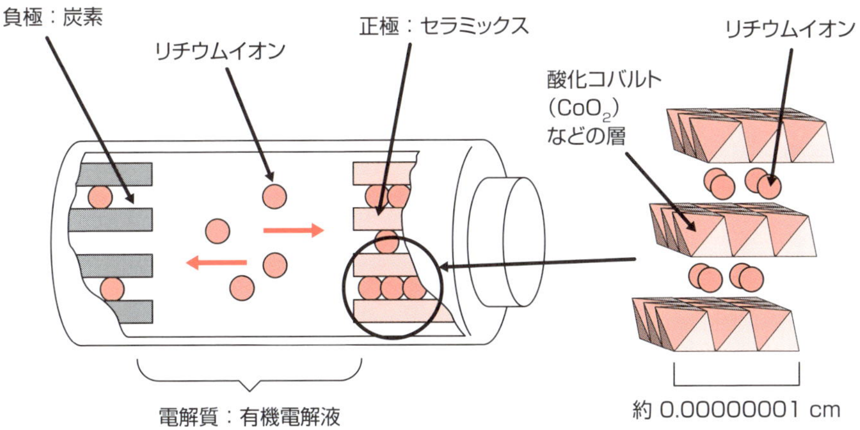
負極：炭素
リチウムイオン
正極：セラミックス
リチウムイオン
酸化コバルト
(CoO_2)
などの層
電解質：有機電解液
約 0.00000001 cm

リチウムイオンが正極と負極の間を行き来することで放電します。

電極材料の結晶構造：層状構造をもつ酸化コバルト(CoO_2)などの層間にリチウムイオンがサンドイッチされています。

リチウムイオン電池での充電と放電

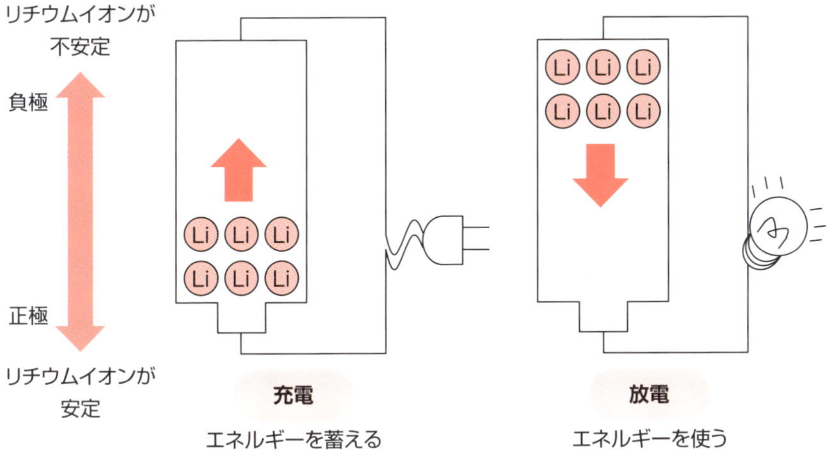
リチウムイオンが
不安定
負極
正極
リチウムイオンが
安定
Li
充電
エネルギーを蓄える
放電
エネルギーを使う

※：図はイメージです。電池を直接家庭用のコンセントに直接つなぐと大変危険です。

54 バイオディーゼル燃料

植物性油脂からディーゼル燃料へ

近年、化石燃料の枯渇を防ぎ二酸化炭素放出量を減少させるため、バイオマスから製造されるバイオディーゼル燃料が注目されています。バイオディーゼルは一般に、植物油、パーム油、廃食用油などの油脂を化学処理して製造し、ディーゼル自動車用燃料等として使用されていますが、そのバイオディーゼルの製造過程である浮遊脂肪酸エステル化工程、並びに精製工程でもイオン交換の技術が注目されています。

そもそも油脂は粘度が高く、そのままではディーゼル自動車燃料としては使えません。そのため、ディーゼル自動車燃料として使用するためには、油脂に多く含まれる遊離脂肪酸にメチルエステル化などの化学処理を施すことにより、脂肪酸メチルエステルなどの軽油に近い物性に変換する必要があります。一般には鉱酸触媒を用いてエステル化を行っていますが、代わりにイオン交換樹脂をエステル化触媒として使用することにより、従来の製法と比べて洗浄・中和工程を省くだけでなく、収量、並びに品質も向上することが確認されています。

さらに精製工程においてもイオン交換技術が使われています。

一般的なバイオディーゼル製造プロセスは、エステル交換反応後に、遠心分離機などでバイオディーゼル層とグリセリン層を分離させ、水でバイオディーゼルを数回洗浄します。この水洗行程でバイオディーゼル中に残留している界面活性剤、グリセリン、触媒由来の塩類、未反応の油脂などを除去しますが、装置構成が複雑になり、大量の排水処理が必要になり生産性が低くなってしまいます。そこで、イオン交換樹脂を用いることにより、グリセリンを相分離させた後の不純物を多く含む粗バイオディーゼルをイオン交換樹脂に通すだけで精製を行うことができ、高純度のバイオディーゼルを安定的に高収率で得ることができます。

要点BOX
- ●触媒として浮遊脂肪酸を簡単にエステル化
- ●バイオディーゼルの精製プロセスの簡略化

遊離脂肪酸エステル化プロセス

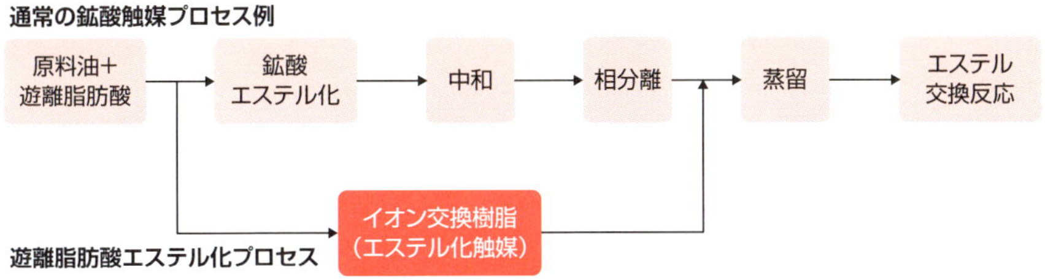

通常の鉱酸触媒プロセス例
原料油+遊離脂肪酸
鉱酸エステル化
中和
相分離
蒸留
エステル交換反応
イオン交換樹脂（エステル化触媒）
遊離脂肪酸エステル化プロセス

バイオディーゼル複製プロセス

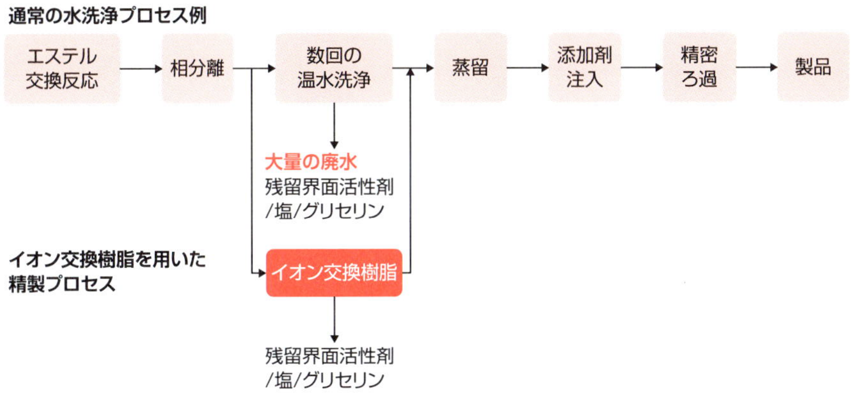

通常の水洗浄プロセス例
エステル交換反応
相分離
数回の温水洗浄
蒸留
添加剤注入
精密ろ過
製品
大量の廃水
残留界面活性剤/塩/グリセリン
イオン交換樹脂を用いた精製プロセス
イオン交換樹脂
残留界面活性剤/塩/グリセリン

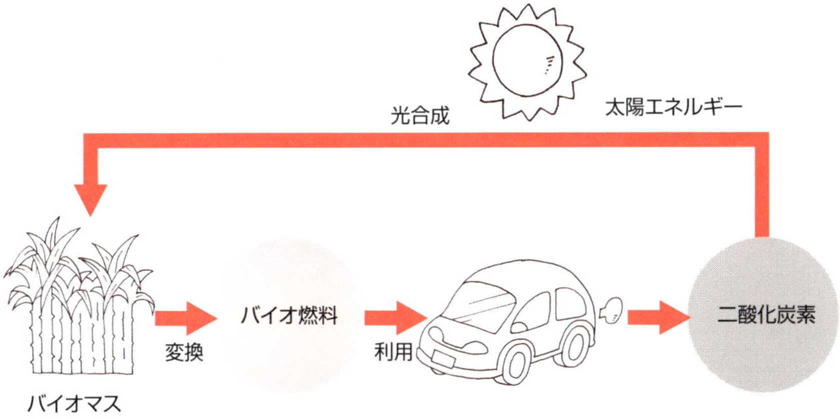

光合成
太陽エネルギー
バイオマス
変換
バイオ燃料
利用
二酸化炭素

55 核燃料を再処理

放射性廃棄物から有用元素を取り出す

原子力発電は燃料としてウラン（U）を用いています。Uには燃えないものがあり、その一部は原子炉内で燃えるプルトニウム（Pu）に変わります。そこでPuと燃え残ったU（この2種類を以後、U等と示します。）を取り出して再利用する考えが生まれました。それが再処理です。再処理では、放射能が高く長期保管が必要な高レベル放射性廃棄物（HLW）が出てきます。このHLWの中の長半減期の放射性元素を取り出し原子炉内で別の元素に変えることにより放射能を減らし、保管期間を短くする研究開発が行われています。このための分離技術を備えた新しい再処理法としてイオン交換が注目されています。

分離対象元素は、U等と長半減期のマイナーアクチノイド（MA）、さらには白金族元素などの有用元素です。イオン交換はクロマトグラフィーにより多種多様な元素の分離が可能で、多くの元素を分離する必要がある新しい再処理技術に適しているのです。

使用済み燃料は高い放射能をもつため、放射線に対して高い耐性をもつイオン交換樹脂（ピリジン樹脂やイミダゾール樹脂など）が使われます。ピリジン樹脂はイオン交換と配位子の機能をもち、U等、MA、白金族などの分離が溶液の条件を変えるだけで可能です。イミダゾール樹脂はU等の回収に使われ、他の元素の回収には別のものを使います。耐放射線性、耐酸化性、耐熱性にも優れているため過酷な環境下での使用に力を発揮します。

MAの分離・回収では含浸樹脂を用いた抽出クロマトグラフィーという方法も考案されています。この方法は前述のイオン交換再処理との組合せだけでなく、既存の再処理技術のHLWへの適応も考えられています。この分離法では、MAと化学的性質の似たランタノイド（Ln）を同時回収してからMAとLnを分離する方法と、MAを直接分離する方法が開発されています。

要点BOX
- ●耐放射線性の高いイオン交換樹脂の使用
- ●クロマトグラフィーによる多元素分離
- ●抽出クロマトグラフィー

ピリジン樹脂を用いたイオン交換再処理技術の例

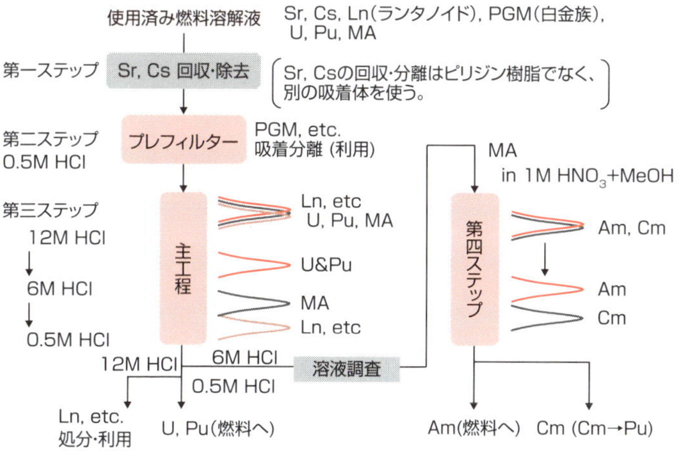

使用済み燃料溶解液
Sr, Cs, Ln(ランタノイド), PGM(白金族), U, Pu, MA
第一ステップ
Sr, Cs 回収・除去
Sr, Csの回収・分離はピリジン樹脂でなく、別の吸着体を使う。
第二ステップ 0.5M HCl
プレフィルター
PGM, etc. 吸着分離 (利用)
第三ステップ
12M HCl
6M HCl
0.5M HCl
主工程
Ln, etc
U, Pu, MA
U&Pu
MA
Ln, etc
12M HCl
6M HCl
0.5M HCl
溶液調査
Ln, etc. 処分・利用
U, Pu(燃料へ)
MA
in 1M HNO3+MeOH
第四ステップ
Am, Cm
Am
Cm
Am(燃料へ)
Cm (Cm→Pu)

MA分離に用いられる抽出クロマトグラフィー (2段階でMAを分離する方法)

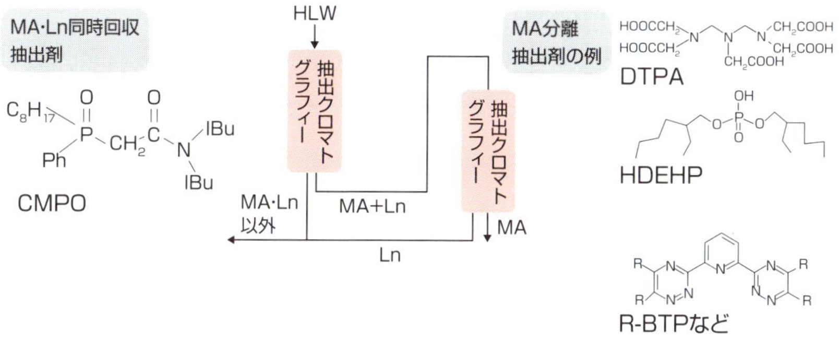

MA・Ln同時回収抽出剤
C8H17
O
O
P
CH2
C
N
IBu
Ph
IBu
CMPO
HLW
抽出クロマトグラフィー
MA・Ln以外
MA+Ln
抽出クロマトグラフィー
MA
Ln
MA分離抽出剤の例
HOOCCH2
HOOCCH2
N
N
N
CH2COOH
CH2COOH
CH2COOH
DTPA
OH
O
P
O
O
HDEHP
R
N
N
N
R
N
N
N
N
R
R
R-BTPなど

用語解説

半減期：放射性元素が放射線を出して元の量の半分になるまでの時間。
マイナーアクチノイド（MA）：ウランの同族元素（アクチノイド）でウランより重くプルトニウム以外のもの。使用済燃料中には、ネプツニウム、アメリシウム、キュリウムの3元素が含まれる。
使用済み燃料：原子炉で燃料として使用し終わった燃料。
配位子：結合に使われていない電子対（2つの電子の組）を持ち、その電子対を利用して金属イオンなどと結合（配位結合）する能力を有するもの。
含浸樹脂：特定の元素を吸着する能力を持った吸着剤（抽出剤）を樹脂中に浸み込ませて利用する樹脂。

56 海水からウランを回収

接ぎ木の技術で高性能捕集材を開発

1トンの海水には3・3㎎のウランが含まれています。非常に低い濃度ですが、地球上の全海水の体積を掛け合わせるとウラン資源の総量は45億トンとなり、利用可能な鉱石中のウラン量の約千倍に匹敵します。このウラン資源の利用には、百万倍以上の濃度のナトリウムイオンなどが共存している海水からウランを選択的に吸着する優れた捕集材が必要です。20世紀後半、海水中のウランの吸着にはアミドキシム基が最も期待できる官能基であることがわかりました。ウラン捕集材の合成には、強度を担う基材に接ぎ木のようにアミドキシム基を導入できる放射線グラフト重合法が適しています。

ウラン捕集材を用いた海水からのウラン回収技術は、青森県むつ関根浜の沖合海域試験での1㎏のウラン（イエローケーキ換算）の採取により実証されています。実用可能な捕集コストをめざすため、海上構築物を必要としないモール形状の捕集材が開発されました。モール状捕集材は、放射線グラフト重合法でウラン捕集糸を合成した後、製紐装置で編んで製作します。沖縄県恩納村の沖合いで捕集性能が試され、昆布のように海底から立ち上げた状態で係留した結果、30日間で捕集材1㎏当たり約1・5gのウランが回収できました。沖縄県沖合での捕集試験では、青森県沖合海域と比較して捕集効率が約3倍向上しました。モール状捕集材では海面を占有しないため船の航行が可能であり、海が荒れた場合でも影響を受けにくいという利点もあります。

海水ウランの回収技術はすでに海域試験により実証され、海水から回収できるウランのコストと鉱山から採取されるウランのコストに大きな隔たりはなくなりつつあります。また、ウランと同時に、レアメタルであり備蓄指定金属であるバナジウムも捕集できることが確認されおり、海水中の金属資源の捕集技術の実用化が期待されています。

要点BOX

- ●放射線グラフト重合でウラン捕集材を合成
- ●海水から1kgのウランの回収を実証
- ●バナジウムなどのレアメタルの同時回収が可能

高性能ウラン捕集材の合成

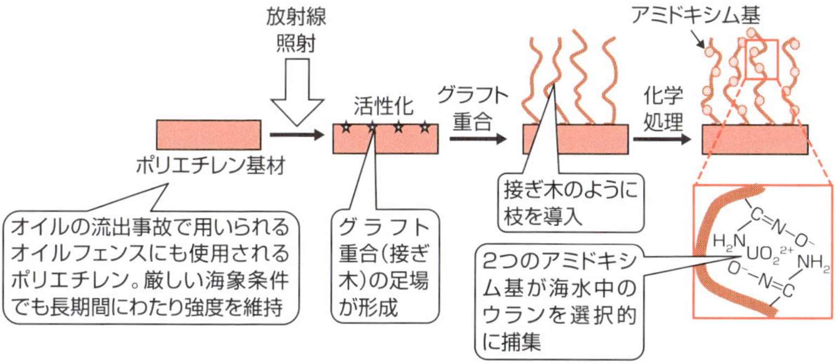
放射線
照射
ポリエチレン基材
活性化
グラフト
重合
化学
処理
アミドキシム基
オイルの流出事故で用いられるオイルフェンスにも使用されるポリエチレン。厳しい海象条件でも長期間にわたり強度を維持
グラフト重合(接ぎ木)の足場が形成
接ぎ木のように枝を導入
2つのアミドキシム基が海水中のウランを選択的に捕集
H_2N
UO_2^{2+}
NH_2
C=N−O⁻
O⁻−N=C

ウラン捕集材カセットによる海域試験

ウラン
捕集材
カセット
布状のウラン捕集材を120枚積層したウラン捕集材カセット
ウラン捕集材カセットを収納する吸着床。海面から20mの深さに係留
ウラン捕集材を使って海水から採取したウラン(イエローケーキ)

青森県沖合での捕集材引き揚げ作業

モール状捕集材による海域試験

グラフト重合で合成したウラン捕集糸を編み上げて作製した海域試験用モール状捕集材

沖縄の漁港で係留準備作業

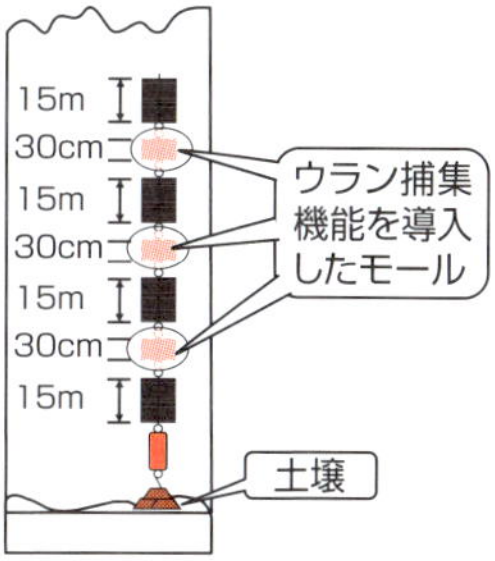
15m
30cm
15m
30cm
15m
30cm
15m
ウラン捕集機能を導入したモール
土壌

海底からの立ち上げ係留

57 海水からリチウムを回収

リチウムイオンを大きさで見分けるイオン交換体

リチウム（Li）は、二次電池、電気自動車への利用などこれから需要が大きく伸びると予想されます。海水1Lには170μgのリチウムが含まれています。非常に低濃度ですが海水全体から採れる量は莫大であり、将来の資源として期待されています。希薄な資源を効率よく回収する方法としては吸着法が有望ですが、海水にはリチウムとよく似たナトリウムなどの元素が高濃度で溶けており、リチウムだけを捕集できる吸着剤が必要です。

吸着剤としてイオンふるい吸着剤が開発されています。イオンふるい吸着剤はイオンの大きさで元素をふるい分けるので、小さなリチウムイオンだけを選択的に取り込むことができます。イオンふるい吸着剤はイオン鋳型法で合成されます。リチウムイオンと鋳型となる化合物を混ぜ合わせ、焼き固め、その後酸処理してリチウムイオンを取り出すと、吸着剤中にリチウムイオンにちょうど良い大きさの鋳型が形成されます。これを使うと海水から吸着剤1g当たり40mgのリチウムを捕集できます。リチウム含量は酸化リチウム換算で8%に達しており、鉱石のリチウム含量（5%）以上です。吸着剤を海水に入れるだけで人工的にリチウム鉱石を得ることができます。

十分な量のリチウムを回収するためには、大量の海水を流し吸着剤と接触させる必要があります。そのため、粉末吸着剤を粒、膜、繊維などに成形し飛散を防ぐ取組みが進んでいます。

また、海水と吸着剤とをうまく接触させ効率よくリチウムを捕集するため、流動床式、層間平行流式などの吸着装置が開発され試験されています。

さらに、海水を流すエネルギーをできるだけ小さくするため、例えば、発電所の温排海水を利用する方法、自然の海流を利用する方法などの回収システムが提案されています。

要点BOX
- ●イオンふるい吸着剤でリチウムだけを捕集
- ●海水の自然流れを利用して効率よく回収

イオンふるい吸着剤の製造とリチウム回収

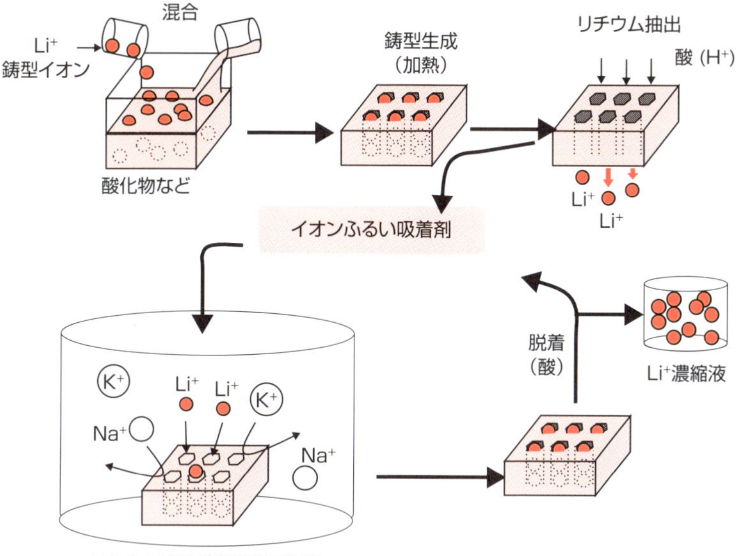
混合
Li+
鋳型イオン
酸化物など
鋳型生成
(加熱)
リチウム抽出
酸 (H+)
Li+
Li+
イオンふるい吸着剤
K+
Li+
Li+
K+
Na+
Na+
リチウムだけが選択的に吸着
脱着
(酸)
Li+濃縮液

速い流れで使用できる流動床吸着装置

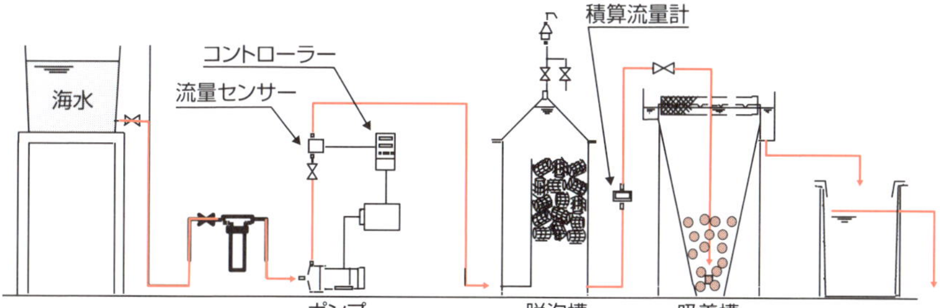
海水
コントローラー
流量センサー
積算流量計
ポンプ
脱泡槽
吸着槽

吸着剤2.5kgを使い、海水を22トン／日の流速で28日間流すと
海水中リチウムの30%回収できます。

Column

固体の中のイオンの動き

一般にセラミックスのような固体の多くでは、固体を構成する原子はほとんど動きません。一方、構成イオンの一部が高速で動くことができるセラミックスもあり、「イオン伝導性セラミックス」と呼ばれています。

イオン伝導性セラミックスは液体に比べて安定で扱いやすいため、その用途はリチウムイオン電池、自動車排ガス触媒、燃料電池など幅広いものとなっています。

携帯電話や電気自動車の電源としてリチウムイオン電池が使われていますが、リチウムイオン電池の正極がイオン伝導性セラミックスです。自動車の排気ガスを浄化するセリア・ジルコニア触媒もイオン伝導性セラミックスの一つです。

家庭用燃料電池エネファームにもイオン伝導性セラミックを利用しているものがあります。イオン伝導性セラミックスである固体酸化物の中を酸化物イオン（O^{2-}）が動くことによって、高いエネルギー変換効率を示す固体酸化物形燃料電池は発電します。イオンの動きは高温で活発になるため、高い温度で固体酸化物形燃料電池の発電効率が高くなります。

固体酸化物形燃料電池に使われているペロブスカイト型ABO_3酸化物におけるイオンの動きを原子レベルで見ましょう。酸化物イオンは、*B*陽イオンの周りを回転するようにO1とO2の間を移動します（図の矢印）。

このようなイオンの移動経路が存在する限られた原子配列をもつセラミックスだけがイオン伝導性を示します。

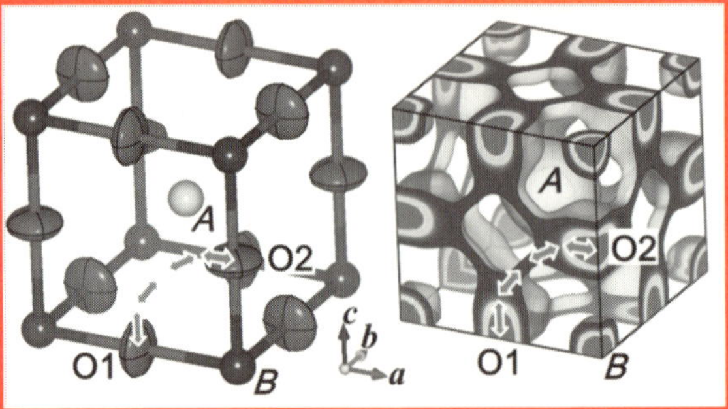
A
O2
O1
B
c
b
a
A
O2
O1
B

イオン伝導性セラミックス（$La_{0.8}Sr_{0.2}$）（$Ga_{0.8}Mg_{0.15}Co_{0.05}$）$O_{2.8}$の原子配列（左）とイオンの分布（右）
出典: M. Yashima et al., Chem. Phys. Lett., 380（2003）391.

第7章

環境を守るイオン交換

H+
Cl-
Na+
ClO4-
OH-
NO3-
Zn2+
Ca2+
SO4 2-

58 セシウム137の分離

放射能セシウム汚染の拡大防止策

わが国での電力供給は火力発電、水力発電および原子力発電から得ていました。その中で化石燃料の枯渇化の恐れのある火力発電、および安定供給が困難な水力発電と比べ、現在30％程度の比重を占めている原子力発電への依存度は今後増加することが予測されていました。しかし、2011年3月11日の東北地方太平洋沖地震（マグニチュード9・0）により一変し、原子力発電の比率がみるみる減少しました。そして現在は先行き不透明な状況にあります。

わが国では今まで行ってきた原子力発電により生じた使用済み核燃料廃棄物を抱えています。それらのセシウムを含む高レベル放射性廃棄物は、ガラス一括処理法により安全に一時保管されています。しかし、その量は膨大であり、長期保存場所の確保が問題となっています。さらに今回の地震後の東京電力福島原子力発電所事故により流出したセシウム処理および安全管理の問題が新たに生じ、2種類の発生源から生じる放射性セシウム（^{137}Cs）の処理が緊急に必要となりました。長期保存が必要な高レベル放射性廃棄物中の長寿命核種〔（セシウム137（^{137}Cs：半減期約30年）とストロンチウム（^{90}Sr：半減期約28年）〕については短期間で放射能による被爆の危険が減衰する短寿命核種と分離することによる減容化が急務です。その中でセシウムイオンの分離法について述べます。

使用済み核燃料中のセシウムイオンの他の金属イオンと分離する代表的な方法としてイオン交換法を挙げることができます。その中で層状構造を有する結晶質四チタン酸繊維（$K_2Ti_4O_9$）は、他の金属イオンとの分離能が非常に高く放射性廃棄物量減少のための材料として非常に有望です。一方、福島原発事故により散在した放射性セシウムの捕集に関しては、種々の粘土鉱物やアルミノケイ酸塩（ゼオライト）などの天然材料が期待されています。

要点BOX
- ●原発事故の除染
- ●層状化合物で補集

結晶質四チタン酸カリウム繊維

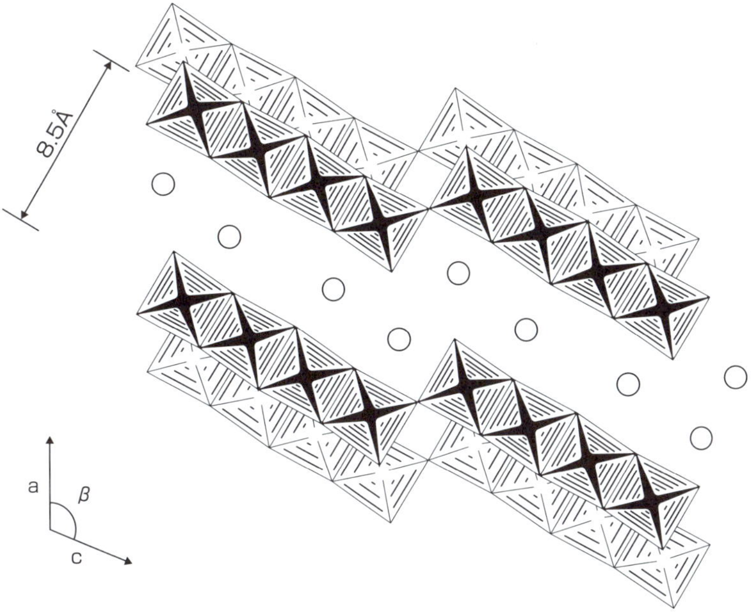
8.5Å
a
β
c

結晶質四チタン酸繊維（$K_2Ti_4O_9$）のSEM像

59 エコマテリアル

環境調和型材料

材料研究・開発は人の暮らしを豊かにしてきましたが、同時に大量生産・消費・廃棄を通して環境負荷を増大させました。21世紀に入り、それが地球規模の環境問題として顕在化し，厳しい現実に直面するようになりました。現在、先進国における持続可能社会の構築や発展途上国の経済成長など、人類活動のグローバル化が加速しています。そこで、持続可能な社会の構築のために、さまざまな材料分野の研究者の共同作業によりエコマテリアル開発が行なわれています。

エコマテリアルは、ライフサイクルのいずれかの段階で、省資源、省エネプロセス、環境浄化や保全、環境影響物質低減、高リサイクル性など、トータルの環境負荷が低減化された材料の総称です。この環境負荷の低減と環境効率の向上というコンセプトが唱えられて20余年が経過しました。

今日では、エコマテリアルが全ての材料に対する広範で高度な社会的ニーズに直結する段階に入りました。それらのニーズは、物理、化学、生物学、地球科学的な最新の知見と、リスク評価を考慮した材料開発でのみ達成できます。すなわち、エコマテリアルは分野横断的な材料研究の推進により生まれ、先端材料研究の最終目標であると言えます。

以上の観点から、全ての材料開発の要素技術に、低環境負荷と高環境効率を基礎にしたブレイクスルーが期待されます。

イオン交換技術もエコマテリアルを支える最も重要な要素技術の一つと言えます。我が国のイオン交換膜とその応用技術は世界をリードしており、今後は、その技術に磨きをかけると同時に、急速にエコ化が進む発展途上国のニーズに合わせて、エコマテリアルの要素技術を提供することが必要だと考えられます。

要点BOX
- エコマテリアルは先端材料研究の最終目標
- イオン交換技術はエコマテリアルを支える最も重要な要素技術の一つ

人工環境における物質循環：マテリアルフロー

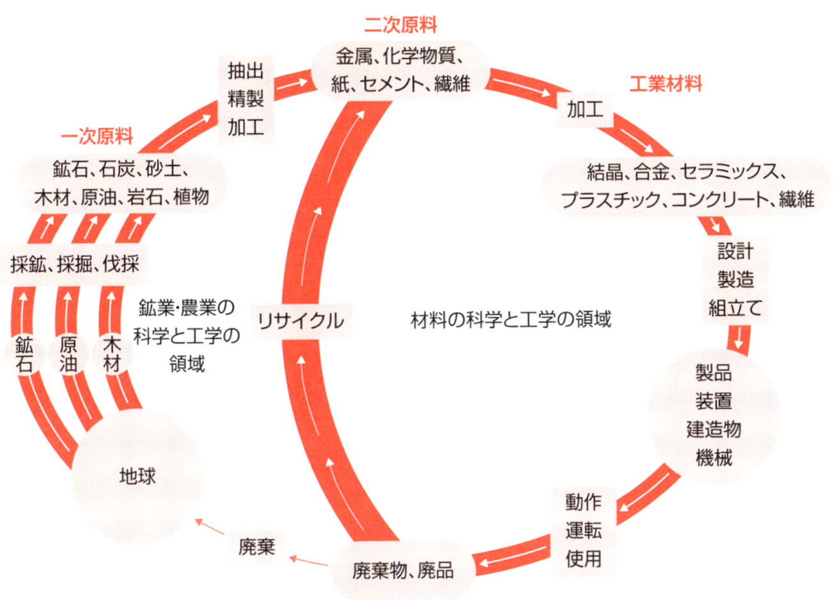
二次原料
金属、化学物質、
紙、セメント、繊維
工業材料
加工
結晶、合金、セラミックス、
プラスチック、コンクリート、繊維
設計
製造
組立て
製品
装置
建造物
機械
動作
運転
使用
廃棄物、廃品
廃棄
地球
鉱石
原油
木材
採鉱、採掘、伐採
一次原料
鉱石、石炭、砂土、
木材、原油、岩石、植物
抽出
精製
加工
鉱業・農業の
科学と工学の
領域
リサイクル
材料の科学と工学の領域

実践エコマテリアル研究開発の指針

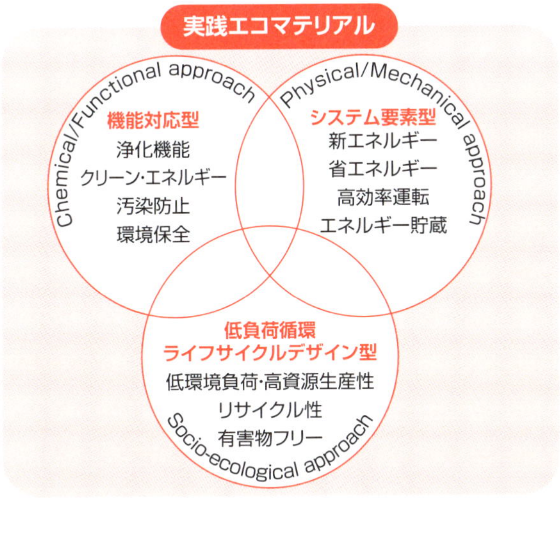
実践エコマテリアル
Chemical/Functional approach
機能対応型
浄化機能
クリーン・エネルギー
汚染防止
環境保全
Physical/Mechanical approach
システム要素型
新エネルギー
省エネルギー
高効率運転
エネルギー貯蔵
低負荷循環
ライフサイクルデザイン型
低環境負荷・高資源生産性
リサイクル性
有害物フリー
Socio-ecological approach

60 イオン交換による土壌浄化

天然鉱物のイオン交換能を利用

土壌は植物の生育を支え、農作物などの食料を生産する場です。土壌には微小な粘土鉱物が含まれ、植物の生育に必要な栄養成分（Ca^{2+}、Mg^{2+}、K^{+}、Na^{+}など）を保持しています。これらのイオンは交換可能であるため、Cd^{2+}やCu^{2+}などの有害重金属イオンが土壌に流入すると、流入した重金属イオンが土壌中に保持されてしまいます。土壌中の物質移動は非常に遅く、また生物濃縮により生体内で高濃度になることもあるため土壌汚染は大きな問題となっています。

重金属による土壌汚染は昔からあり、特に農用地におけるカドミウム、銅、ヒ素などの鉱毒による重金属汚染が問題となっていました。これら土壌汚染の原因は人間活動であり、土壌の特性上、重金属類は強く保持されるので、いったん汚染されると、自然に浄化されるまでには長い時間かかります。そのため、土壌の浄化技術が必要とされています。

汚染土壌の浄化技術は多岐にわたっており、重金属による汚染土壌の新しい対策方法として、ゼオライトや粘性土など天然鉱物資源のもつイオン交換能を利用したシーリングソイル工法や、重金属類集積植物を利用したファイトレメディエーションなどが開発されています。前者は、天然鉱物資源がもつ機能と反応を利用して土壌中の重金属類を不溶化し封じ込める技術です。この工法では、天然ゼオライトがもつ吸着能と陽イオン交換能により重金属類を速やかに固定化します。そして天然の粘性土中に含まれるケイ酸および鉄・アルミナなどの含水性非晶質物などが新しい鉱物相を形成することにより、重金属類を長期的かつ安定に固定化します。一方、後者は、ある種の植物が特異的に特定の重金属を吸収・集積する性質を利用した土壌汚染修復技術です。

このような新技術は今後さらに開発されていくことでしょうが、人間にとって非常に大切な土壌を有害物質により汚染させないことが何より重要です。

要点BOX
- ●重金属類は土壌に強く保持される
- ●イオン交換により重金属を短期的に固定化
- ●新しい鉱物相を形成し長期的に重金属を固定

土壌における重金属イオンの保持

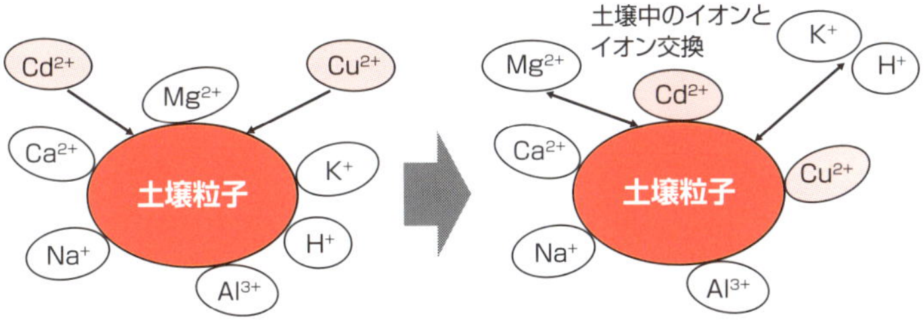

Cd2+
Mg2+
Cu2+
Ca2+
土壌粒子
K+
Na+
H+
Al3+
土壌中のイオンと
イオン交換
K+
Mg2+
H+
Cd2+
Ca2+
土壌粒子
Cu2+
Na+
Al3+

シーリングソイル工法シーリングソイル工法による重金属イオンの固定化

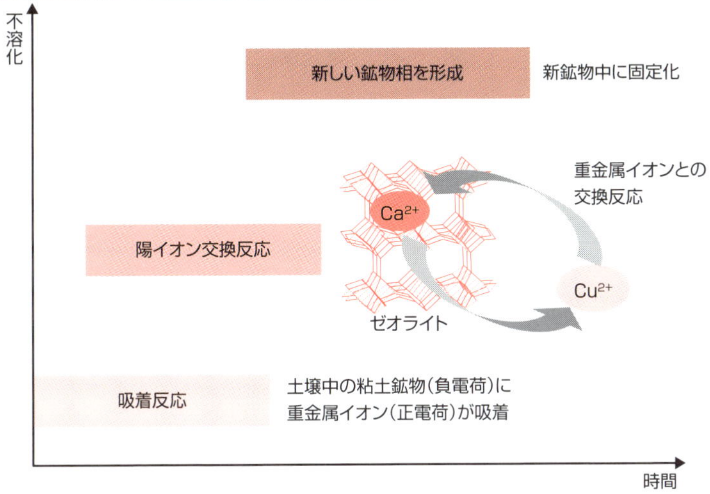

不溶化
新しい鉱物相を形成
新鉱物中に固定化
重金属イオンとの
交換反応
Ca2+
陽イオン交換反応
Cu2+
ゼオライト
吸着反応
土壌中の粘土鉱物(負電荷)に
重金属イオン(正電荷)が吸着
時間

ファイトレメディエーションによる土壌汚染修復技術

重金属
特定の重金属を吸収·集積
重金属に汚染された土壌

61 酸性雨と酸性霧

大気から地表への酸の沈着による環境影響

酸性雨の酸性はpHで評価します。大気中の酸性物質として一番濃度が高いのは、およそ400ppm存在する二酸化炭素ですが、水に溶けてわずかに電離するので雨のpHは5・6になります。しかし、大気中には他にも自然起源の酸性ガスがあるので、大気中の汚染物質によってpH5・0以下になった雨を「酸性雨」と定義します。また、霧は雨より大気中の水分量が少なく微小液滴なので、より酸性化しやすくなります。これらの酸性化は、二酸化硫黄が酸化されて生じた硫酸、窒素酸化物が酸化されて生じた硝酸、それに塩化水素によるものです。

酸性雨や酸性霧は、酸性の原因となる酸性ガスや粒子状物質とともに環境に大きな影響を及ぼします。屋外建造物や彫刻では、材料表面での酸との反応から内部の腐食・溶解へと進みます。森林衰退は世界的な現象となっており、わが国においても激しく衰退している地域があります。そのメカニズムは複雑ですが、葉の表面では酸とのイオン交換が起こります。湖沼や河川では、土壌表面でイオン交換が起こり、そのイオン交換容量を越えると酸性雨がそのまま流れ込み、中性から微アルカリ性の河川や湖沼を酸性化させ魚類を死滅させます。ただし、日本では湖沼や河川の酸性化は起こっていません。

最近の酸性雨に関連する問題としては、多くの大気汚染物質濃度が減少している中で、窒素酸化物から生じるオゾン濃度が関東平野において少しずつ増大している問題があります。近隣の国からの越境汚染も問題であり、日本海側の地域でこの影響を強く受けています。越境汚染はオゾン濃度の底上げにもつながっています。これらの大気汚染による森林衰退も、樹木の生長が時間のかかることであるだけに大きな問題です。また、窒素の自然界での循環量が増えていることの今後の生態系に与える影響についても危惧されています。

要点BOX
- ●硫酸と硝酸と塩酸による酸性化
- ●大気汚染にさらされる屋外建造物や森林

雨と霧の採取装置

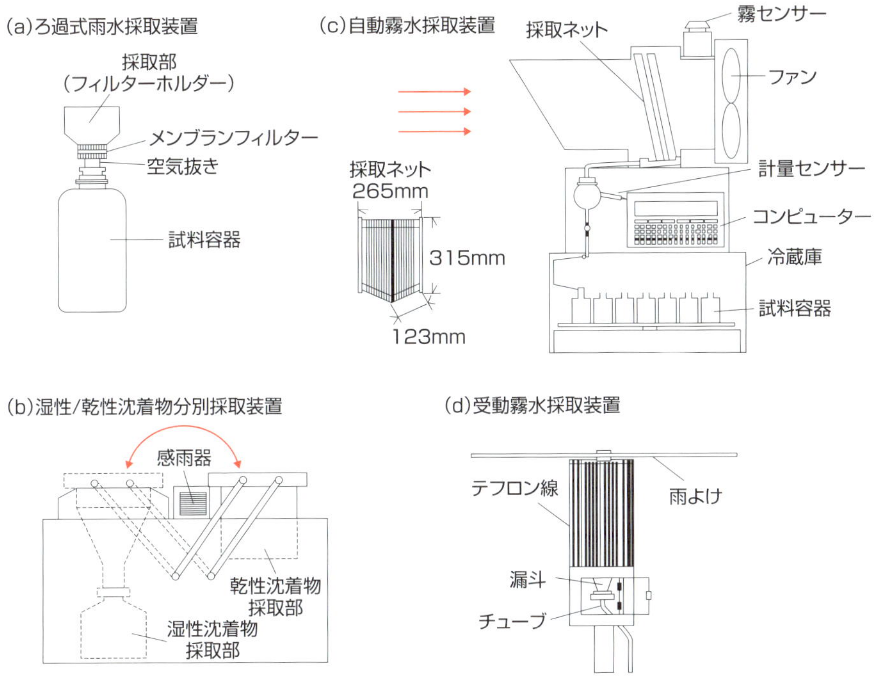
(a)ろ過式雨水採取装置
採取部
(フィルターホルダー)
メンブランフィルター
空気抜き
試料容器
(c)自動霧水採取装置
採取ネット
265mm
315mm
123mm
採取ネット
霧センサー
ファン
計量センサー
コンピューター
冷蔵庫
試料容器
(b)湿性/乾性沈着物分別採取装置
感雨器
乾性沈着物
採取部
湿性沈着物
採取部
(d)受動霧水採取装置
テフロン線
雨よけ
漏斗
チューブ

酸性物質の地上への沈着過程

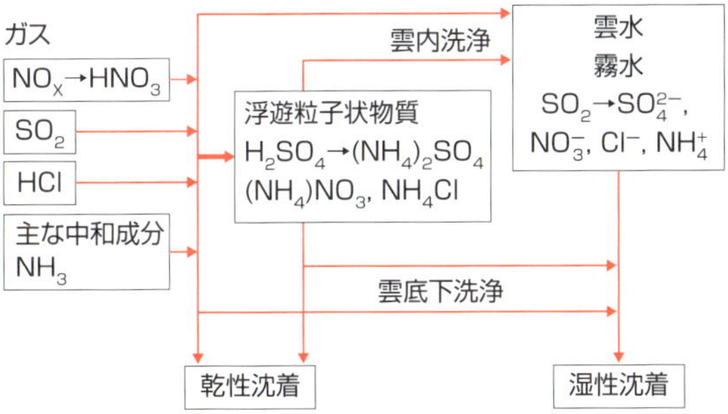
ガス
$NO_x \rightarrow HNO_3$
SO_2
HCl
主な中和成分
NH_3
雲内洗浄
浮遊粒子状物質
$H_2SO_4 \rightarrow (NH_4)_2SO_4$
$(NH_4)NO_3$, NH_4Cl
雲水
霧水
$SO_2 \rightarrow SO_4^{2-}$,
NO_3^-, Cl^-, NH_4^+
雲底下洗浄
乾性沈着
湿性沈着

枯れ木のオブジェと化した丹沢のブナ林

62 めっき液の処理技術

キレート化合物のリサイクル

環境技術への関心の高まりや資源戦略の観点から近年、金属資源の有効利用に関する様々な技術開発が行われています。ここでは数あるリサイクル技術の中で、イオン交換膜電気透析法を用いてめっき液中に含まれる金属、薬剤、溶媒などをリサイクルする技術3件について紹介します。

一般に電子部品にスズめっきを行う場合には、メタンスルホン酸スズが用いられます。例えば、洗浄液など使用済みの溶液からスズや溶媒であるメタンスルホン酸を回収する場合、溶液中でスズが二価の陽イオンとして、またメタンスルホン酸が一価の陰イオンとして存在する性質を利用して陽、陰イオン交換膜を交互に配置した電気透析槽を用いると、溶媒と金属を簡単に回収することができます。

また、光沢に優れためっき膜を形成させる場合、EDTA(エチレンジアミン四酢酸)を添加しためっき浴が用いられますが、この溶液では金属とキレート化剤との結合が安定なため、左頁の真ん中の図のような装置を用いて金属とEDTAを分離するのは容易ではありません。しかし、この場合でも、電気透析槽の中で種々の反応を行うことで金属とEDTAの再生が可能になります。例えば、初めに電気透析槽でEDTAに結合した金属と銅との置換反応を行い、解離した金属を陽イオン交換膜で隔てた隣の室で回収します。次いで、新たに生成したEDTA銅水溶液からEDTAと銅を再生するために、電気化学反応を伴う電気透析法による処理を行います。これにより、EDTA銅は陰極上で電気化学的に還元されて陰極上に金属銅を、また溶液中にEDTAを生成し、結果としてEDTAと銅が再生されます。

このようにイオン交換膜電気透析法は、従来からの脱塩を目的とした用途のみならず、反応器と分離装置の機能を両立させることにより様々な物質の分離・再生にも対応することが可能になります。

要点BOX
- ●金属キレート化合物から金属と錯化剤を再生
- ●化学反応と電気化学反応を伴うイオン交換膜電気透析法は反応器としても使用できる

電気透析法によるメタンスルホン酸スズ溶液の回収

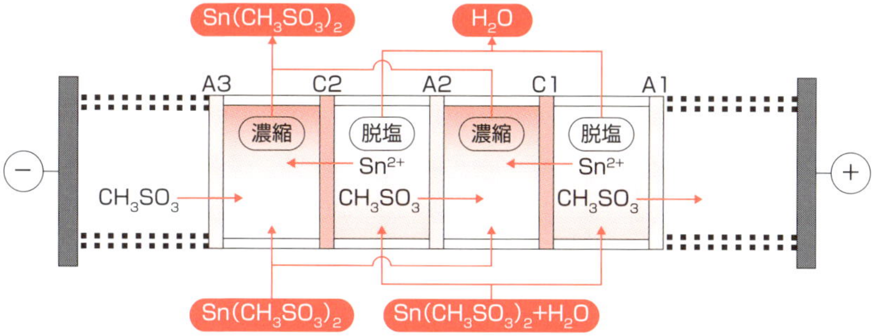

Sn(CH3SO3)2
H2O
A3
C2
A2
C1
A1
濃縮
脱塩
濃縮
脱塩
Sn2+
Sn2+
CH3SO3
CH3SO3
CH3SO3
Sn(CH3SO3)2
Sn(CH3SO3)2+H2O

（A：陰イオン交換膜、C：陽イオン交換膜）

銅との金属置換反応を伴う電気透析法による EDTA錯体からの金属の分離

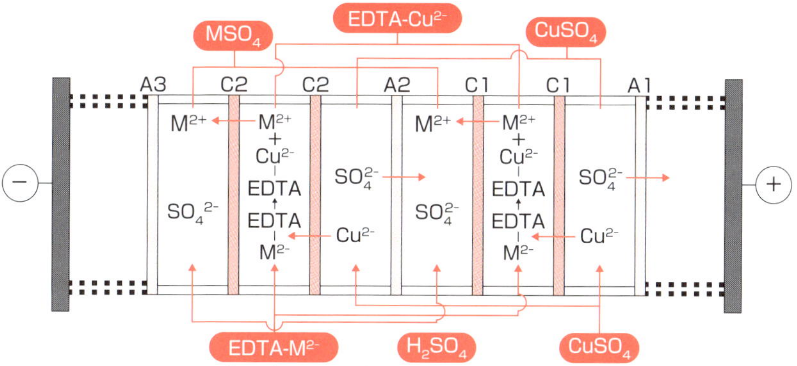

MSO4
EDTA-Cu2-
CuSO4
A3
C2
C2
A2
C1
C1
A1
M2+
M2+ + Cu2- EDTA
EDTA M2-
SO42-
Cu2-
SO42-
EDTA-M2-
H2SO4
CuSO4

（A：陰イオン交換膜、C：陽イオン交換膜）

電気化学反応を伴う電気透析法による EDTA銅錯体からのEDTAと銅の再生

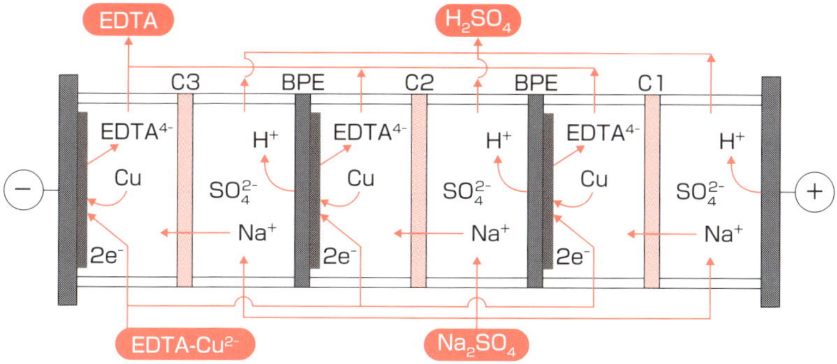

EDTA
H2SO4
C3
BPE
C2
BPE
C1
EDTA4-
Cu
2e-
H+
SO42-
Na+
EDTA-Cu2-
Na2SO4

（BPE：バイポーラー電極、C：陽イオン交換膜）

陰極およびバイポーラー電極の陰極面での反応

$$EDTA\text{-}Cu^{2-} + 2e^- \rightleftarrows EDTA^{4-} + Cu$$

63 硝酸イオンの除去

硝酸イオンに対する選択性がカギ

水質汚染物質の一つである硝酸イオン（硝酸態窒素）は、細菌による動物性有機物の最終分解生成物です。また、硝酸イオンは負電荷をもつため土壌内に保持されることが少なく、化学肥料や農薬、家畜の糞尿、生活排水などから土壌浸透により地下水の硝酸イオン濃度が上昇しやすくなります。

硝酸態窒素および亜硝酸態窒素が高濃度で含まれる水を飲用すると、メトヘモグロビン血症を引き起こすことがあり、チアノーゼ（窒息症状）などの酸素欠乏状態となり死につながる恐れがあります。地下水は飲料水源となることから、硝酸態窒素による地下水汚染が問題となっています。そのため、硝酸態窒素の水道水質基準などが定められています。

水環境からの硝酸イオンの除去法として、イオン交換樹脂を利用したイオン交換法が最も一般的な方法であり、家庭用浄水器にも利用されています。この方法では、水中に存在する他の陰イオンも交換対象になるため、陰イオン種やその存在量が硝酸イオンのイオン交換に大きく影響します。そのため、硝酸イオンの除去において硝酸イオンに対する選択性が重要であり、硝酸イオンに対して高い選択性をもつイオン交換樹脂の開発が行われています。

イオン交換樹脂と同様に陰イオン交換能をもつ層状化合物では、層間距離を変化させることによりイオンふるい効果を示すものがあります。このイオンふるい効果は、層状イオン交換体を利用した選択的吸着材の開発に有用な概念とされており、硝酸イオン選択的吸着材として期待されています。

その他の硝酸イオン除去法もいくつか開発されていますが、より効率的な硝酸イオンの除去には、硝酸イオンに対する選択性がカギを握っています。それとともに、窒素の収支バランスを良好に保ち硝酸イオンの流入を少しでも減らすことも硝酸イオンによる汚染をなくす上で非常に重要なことです。

要点BOX

- 硝酸イオンによる地下水汚染が問題
- 硝酸イオンの除去には選択性がカギ

窒素のさまざまな化学形態

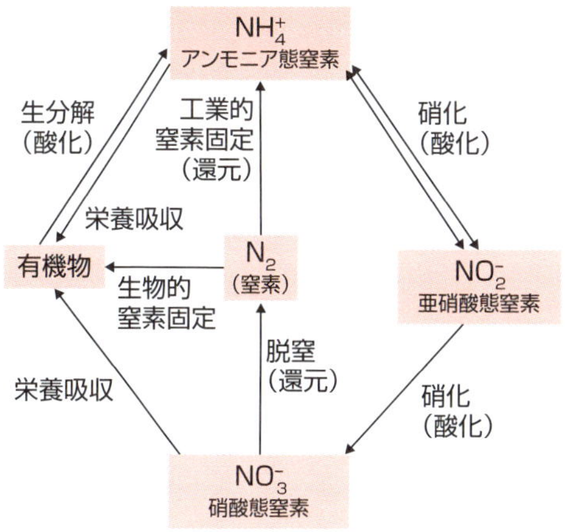
NH_4^+
アンモニア態窒素
生分解
（酸化）
栄養吸収
工業的
窒素固定
（還元）
硝化
（酸化）
有機物
N_2
（窒素）
生物的
窒素固定
NO_2^-
亜硝酸態窒素
栄養吸収
脱窒
（還元）
硝化
（酸化）
NO_3^-
硝酸態窒素

硝酸イオンによる汚染とその影響

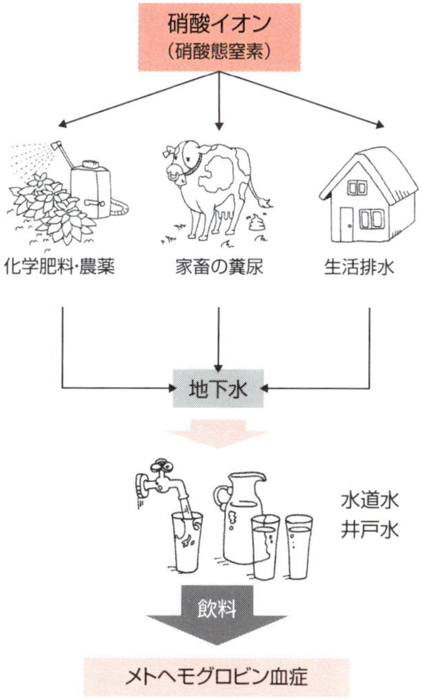
硝酸イオン
（硝酸態窒素）
化学肥料・農薬
家畜の糞尿
生活排水
地下水
水道水
井戸水
飲料
メトヘモグロビン血症

層状イオン交換体におけるイオンふるい効果

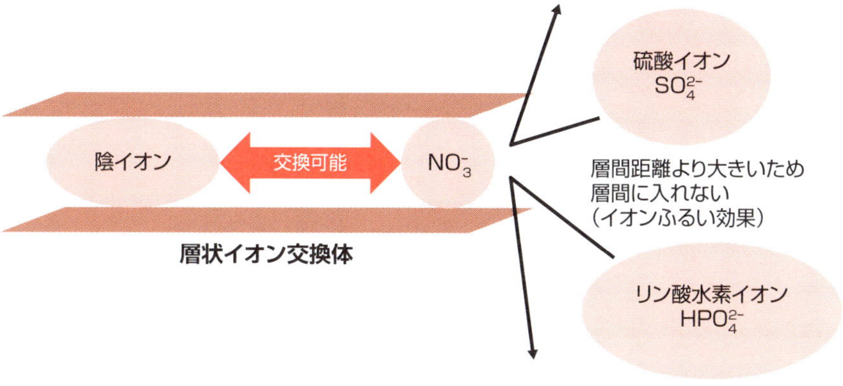
陰イオン
交換可能
NO_3^-
層状イオン交換体
硫酸イオン
SO_4^{2-}
層間距離より大きいため
層間に入れない
（イオンふるい効果）
リン酸水素イオン
HPO_4^{2-}

64 リン酸イオンの除去

層状複水酸化物を用いて水環境を守れ

湖沼・内湾などの閉鎖性水域に流入するリンは富栄養化を促進し、これら水域の環境悪化を招くことから、その除去対策が急がれています。一方、リンは今後約130年程度で枯渇が危惧されている資源であり、資源的観点から、リン資源を輸入に頼っている我が国にとっては、環境水中からの効率的なリン除去・回収技術の構築が急務となっています。

この技術における有望な無機イオン交換体として、ハイドロタルサイト様化合物（LDH）が注目され、産学連携した取り組みがなされています。島根大学生物資源科学部佐藤利夫研究室では、塩化物イオンが層間に挿入されたLDH（塩素型LDH）が、リン酸イオンに対するイオン交換容量が大きく、リンの低濃度域から高濃度域にかけての広い濃度域でリン酸イオン除去が可能であること、また、リンを捕捉したLDHが再生可能で有価物としてリンの回収が可能であることを実験的に立証しました。塩素型LDHは層状複水酸化物で、層中のマグネシウムイオンの一部がアルミニウムイオンで置換されることで正電荷を帯びた基本層の層間に、塩化物イオンおよび水分子が挿入した層構造をもっています。層間の塩化物イオンがリン酸イオンとイオン交換することにより、層間にリン酸イオンを捕捉します。

LDHの再生およびリン回収・再資源化に関しては、脱離液・再生液を用いる二液再生法を応用したシステムが提案されています。本システムにより、リン含有脱離液からリンをMAPとして99％以上の回収率で回収でき、生成したMAPのリン酸イオン含有率が50％以上と非常に高いことが確認されました。

LDHは、リン酸イオン以外にも水環境に影響を及ぼすフッ化物イオン、硝酸イオンなどを捕捉することが知られており、今後、環境技術分野においてリン酸イオンの除去・回収に限らず広くLDHの応用と実用化が期待されています。

要点BOX

- ●イオン交換容量が大きく低リン濃度域で有効
- ●再生可能で、リンの回収・再利用が可能
- ●リン以外の各種陰イオンの捕捉が可能

塩素型LDHのリン酸イオン交換の模式図

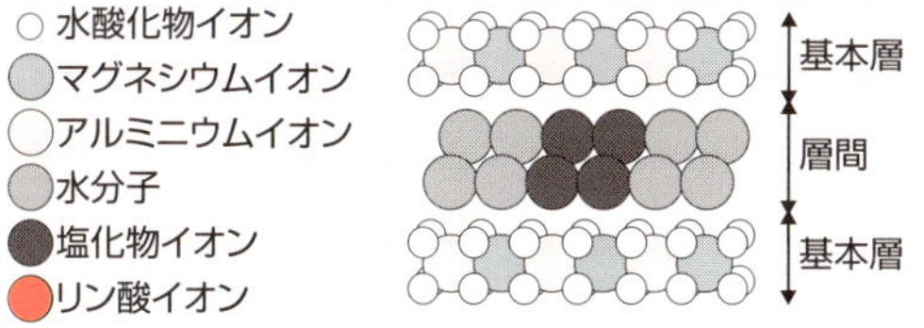

水酸化物イオン
マグネシウムイオン
アルミニウムイオン
水分子
塩化物イオン
リン酸イオン
基本層
層間
基本層

塩素型LDHの模式図

「塩素型LDH」とリン酸イオンが接触すると、層間の塩化物イオンが選択的にリン酸イオンと置換します。この繰り返しにより、「塩素型LDH」は、環境水中のリン酸イオンを除去していきます。

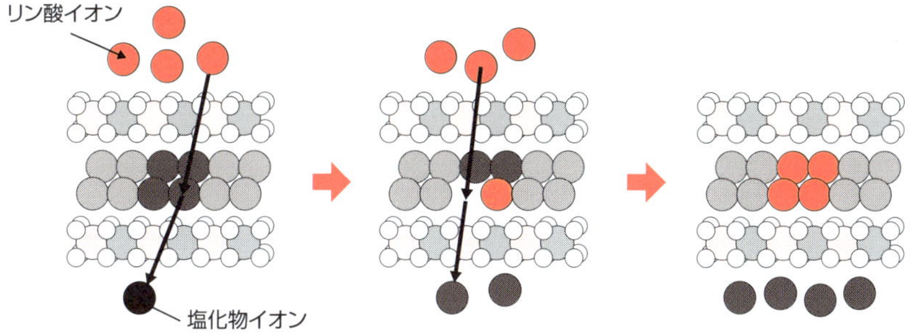

リン酸イオン
塩化物イオン

出典：富田製薬(株)資料

二次再生法によるリン回収

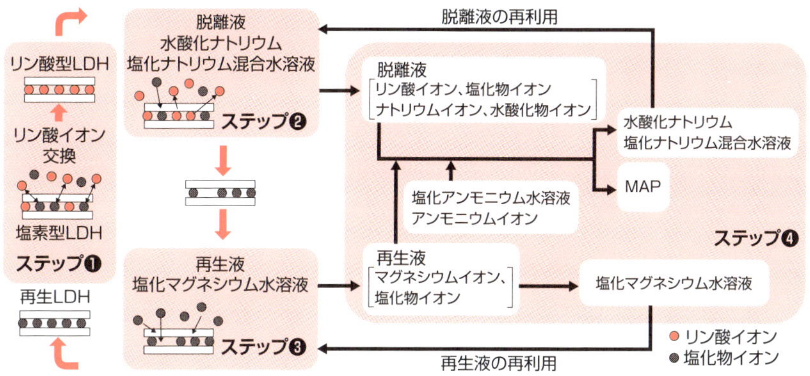

リン酸型LDH
リン酸イオン交換
塩素型LDH
ステップ❶
再生LDH
脱離液
水酸化ナトリウム
塩化ナトリウム混合水溶液
ステップ❷
再生液
塩化マグネシウム水溶液
ステップ❸
脱離液の再利用
脱離液
リン酸イオン、塩化物イオン
ナトリウムイオン、水酸化物イオン
水酸化ナトリウム
塩化ナトリウム混合水溶液
MAP
塩化アンモニウム水溶液
アンモニウムイオン
ステップ❹
再生液
マグネシウムイオン、
塩化物イオン
塩化マグネシウム水溶液
再生液の再利用
リン酸イオン
塩化物イオン

ステップ❶：塩素型LDHへのリン酸イオン交換
ステップ❷：リン脱離液を用いたリン酸イオンの脱離
ステップ❸：再生液を用いたLDHの再生
ステップ❹：有価資源としてのリン(MAP)回収

出典:
大島ら：水環境学会誌30、191-196(2007)

用語解説

LDH：層状複水酸化物の総称。滑石に特性が類似していることから、ハイドロタルサイト〔$Mg_6Al_2(OH)_{16}CO_3 \cdot 4H_2O$〕と命名された。医薬分野でも胃腸薬の制酸剤として使用され、慢性腎不全患者の高リン血症改善薬としても注目されている。

MAP：リン酸アンモニウムマグネシウム

65 有害陰イオンの回収

特定の有害陰イオンを選択的に吸着

環境基準や生活環境項目に挙げられる有害陰イオンの除去にイオン交換樹脂が用いられています。活性炭や無機イオン交換体も多く用いられますが、1～3級アミン型の弱塩基性および4級アンモニウム型の強塩基性陰イオン交換体が最も広汎に用いられます。これらのイオン交換体の陰イオン選択性は図に示すとおりで、分離や除去対象が限定されます。選択性を変えるため、また他の陰イオンの除去のために、これらの樹脂を使う従来法とは異なるさまざまな工夫がなされています。

最初の例は、陽イオン交換樹脂に金属イオンを担持した樹脂です。この樹脂は担持する金属イオンの余った電荷を陰イオン交換に利用します。図に3価金属イオンを担持した樹脂の概念図を示します。対象陰イオン除去のためにさまざまな因子を考慮しなければなりませんが、従来の陰イオン交換体と大きく異なる選択性が期待できます。4価ジルコニウムや3価ランタンを担持したカルボン酸系やリン酸系樹脂によるフッ化物イオンの除去や、3価鉄を担持したカルボン酸系樹脂によるヒ酸や亜ヒ酸イオン、リン酸イオンの除去などが検討されています。

二番目はバイオマスなどに含まれるポリフェノール類による有害な6価クロムの除去です。作用機構は複雑ですが、ポリフェノール類による6価クロム除去に関連する反応を図に示します。陰イオン交換に加え、3価クロムへの還元作用と陽イオン交換、さらに6価クロムの脱水縮合エステル化反応などが知られています。

最後に、水酸基を多数有するバイオマス系多糖類、プロパンジオール系やグルカミン酸系の合成高分子による半金族元素オキソ陰イオンの吸着を紹介します。ホウ素、セレン、アンチモンなどは多糖類と脱水縮合してエステルを形成する特異的反応を起こします。*N*-メチルグルカミン系樹脂によるホウ酸イオンの吸着例を図に示します。

要点BOX

- 従来の陰イオン交換体とは異なる選択性を利用して有害陰イオンを除去

代表的なアニオン交換体の構造

弱塩基性陰イオン交換体　　強塩基性陰イオン交換体

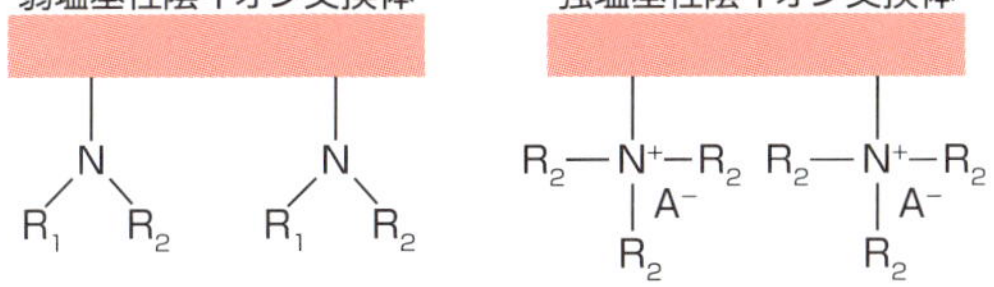

R_1：H、CH_3など　R_2：CH_3、C_2H_5など　A：Cl、NO_3など

選択性：$F^- < (OH^-) < HSiO_3^- < HCO_3^- < Cl^- < Br^- < CrO_4^{2-} < NO_3^- < I^- < SO_4^{2-}$

両陰イオン交換体では水酸化物イオンに対する選択性が異なる。

金属イオン担持型樹脂の概念図（3価の金属イオンの例）

担持母体に必要な性質

（1）陽イオン交換型の樹脂である
（2）担持金属イオンと高い親和性をもつ
（3）担持した金属イオンの電荷を完全には中和しない
（4）廃液処理時に他の金属イオンを吸着しない

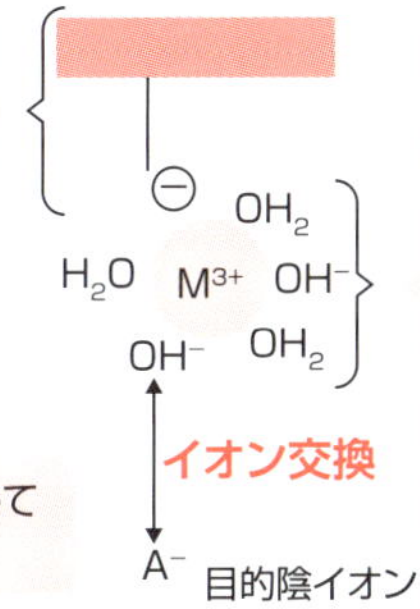
イオン交換
目的陰イオン

多価イオンではpHによって化学種が変化する

担持金属に必要な性質

（1）多価で配位数が大きい
（2）加水分解しやすく溶解度積が大きい
（3）特定の陰イオンとの親和性が高い
（4）吸着時に陰イオンのみを溶離できる

実用に求められる事項

（1）溶離時に安全である
（2）廃液処理時に他金属イオンと競合しない
（3）汎用的で安価である

ポリフェノール類による6価クロム除去に関連する反応

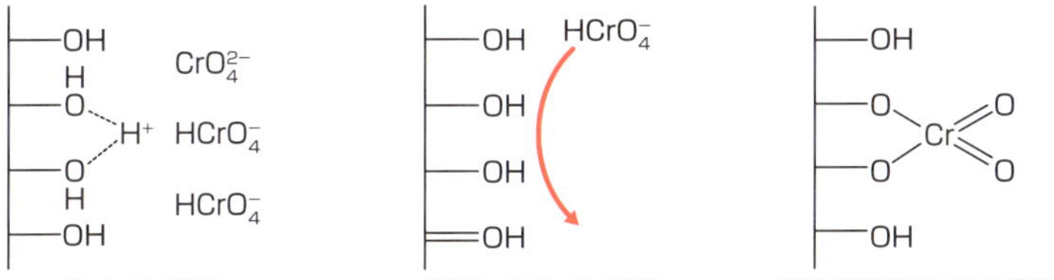

陰イオン交換　　還元+カチオン交換　　脱水縮合（エステル化）

N−メチルグルカミン系樹脂によるホウ酸イオンの吸着

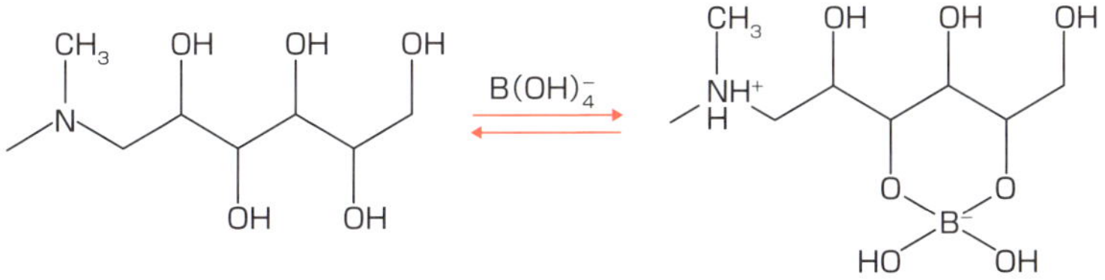

66 夢の新素材キチン・キトサン

エビやカニが人類を救う

今日まで、テレビや新聞などのマスコミで「キチン・キトサン」という言葉に出会われた方は多いのではないでしょうか？　最近では健康、化粧品、医薬、あるいは食べ物に関する雑誌や書物にも登場するようになってきました。このようなキチン質（キチン・キトサンの総称）は、バイオマス廃棄物であるエビやカニの殻から得られ、最先端の高機能性材料として多くの応用技術が開発されています。

身近な日用品分野では、タバコのニコチン除去のためのフィルターや、シャンプー・整髪料などの化粧品などがあり、医療分野ではコンタクトレンズ、手術用材料の縫合糸や人工皮膚などに使われています。農業分野では、作物の病害防除や収量の向上のための農薬（抗菌剤および抗カビ剤）や土壌改良剤に使用されています。実際に化学肥料が十分でなかった時代には、粉砕されたカニ殻が農地に散布され農作物の増収が行われていましたが、最近では有機栽培という形で復活しています。また食品分野では、キチン質が人の消化酵素では分解されないことから、健康食品である食物繊維としての様々な効果が期待されています。その中でも、コレステロール低下作用や抗がん作用があることが特に注目されています。化学工業分野では、キトサンの一級アミノ基を利用して、繊維の染色性の向上、魚肉処理排水懸濁物の凝集剤として利用されています。特に最近では廃電子機器やめっき廃液などからの重金属イオンの除去や貴金属の回収などを目指した陰イオン交換体や吸着材としての研究が活発に行われています。

これらの機能は、最近20年間くらいで見出されたキチン・キトサンの応用技術の一部であり、これからの科学技術全般のレベルが向上していく中で研究開発の速度は加速され、新たな性質や機能性が見出される可能性を秘めた「夢の新素材」として魅力ある材料であると期待されています。

要点BOX

- 生体高分子の生体適合性を活かした医学、食品、農学、工学分野への応用
- のアミノ基を利用した金属イオン吸着材の開発

キトサンの化学構造

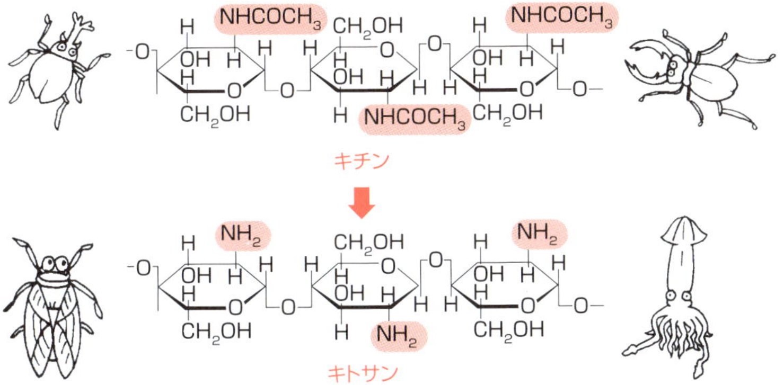
NHCOCH₃
CH₂OH
OH
H
O
キチン
NH₂
キトサン

キチン質の応用可能性

医薬品・医用品

- ◉手術用の糸（吸収され抜糸不要）
- ◉傷用ガーゼ（鎮痛効果、傷が残らない）
- ◉コレステロール低下剤
- ◉抗がん剤・抗菌剤
- ◉人工透析膜

生活・日用品

- ◉化粧品（しっとりして肌になじむ）
- ◉整髪料（潤いのある髪に）
- ◉たばこのフィルター
- ◉写真の色あせ防止・発色剤
- ◉コンタクトレンズ
- ◉帯電防止の下着

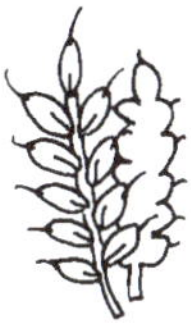

食品

- ◉小麦胚芽の製造
- ◉低カロリー食品
- ◉乳児用ミルク添加剤
- ◉ミネラル強化卵の製造
- ◉繊維質健康食品

化学工業

- ◉タンパク質の凝集剤
- ◉重金属イオンの回収
- ◉ガラス、金属の被服剤
- ◉塗料、染料、接着剤

イオン交換体・凝集剤

- ◉金、パラジウム、白金の回収
- ◉水銀、鉛、ヒ素、セレンの除去
- ◉鮮度保持膜、包装フィルム
- ◉固定化抗菌剤、脱臭剤

Column

南極での汚染防止

近年、地球温暖化に関する様々な環境への悪影響が懸念されています。海抜が低い国々の水没の危機などですが、その主な原因は南極の氷解です。

1400万km^{2}の巨大な南極大陸に人類は古くから強い関心をもち各国での探検が行われてきました。その過酷な条件下での探索を終えた後には、残念ながら多量の廃棄物を残していました。それらが南極の氷解と共に海中に崩落すれば、重大な海洋汚染問題を引き起こします。

南極に近いオーストラリアでは、その氷解現象に強い関心をもち、また危惧を感じており、南極の探査を続けるに当たり細心の注意が払われています。オーストラリアの基地は南極大陸の東側に位置しており、比較的南氷洋に近いのですが、すでに南氷洋には、有害物質となり得る種々の廃棄物は海底に流れ込んでいます。

そこで、ゴミの量を減らず様々な工夫を行うと共に、有害物質を持ち込まないシステムが構築されています。特に深刻と思われる主な廃棄物は、鉛、鉄、銅、カドミウム、亜鉛などの重金属イオンと油類です。それらの廃棄物が海中に没する前に捕集を試みるプロジェクトがメルボルン大学を中心に行われています。

オーストラリアチームは彼らの南極探検基地があるCasey付近に有害廃棄物が海へ流れ込まない装置（バリアー）を建設し、「燃料である使用済み油類の流出防止」「重金属イオン類の捕獲」「極寒地域内に放置されてきた凍結している残留物の処理」の観点から、その地域の浄化を試みています。すでにCasey Station には1999年時点で6000Lの廃油があり、土壌中には8万mg／kg以上の汚染物質が含まれていると報告されています。

このプロジェクトではバリアーの建設を目的としていますが、国内での常温反応を扱う装置と比べ10倍以上のコストがかかるため、エコマネージメントの専門家を交えての綿密な計画が練られてから開始されています。

有害物質捕集の中心的な材料は主にゼオライトであり、イオン交換反応および吸着反応を利用して南極大陸中に放置された廃棄物が海水中に流れ込むのを防止することに成功しています。

索引

34	大野　康晴	東亞合成㈱
35	矢野　哲司	東京工業大学　准教授
36	箕輪　俊夫	田中貴金属工業㈱
37	佐々木　高義	(独)物質・材料研究機構
38	加藤　誠	㈱豊田中央研究所
39	馬場　由成	宮崎大学　教授
コラム	田崎　友衣子	(独)産業技術総合研究所

第V章

40	岡田　哲男	東京工業大学　教授
41	橋爪　秀夫	(独)物質・材料研究機構
42	早下　隆士	上智大学　教授
43	大渡　啓介	佐賀大学　教授
44	後藤　雅宏	九州大学　教授
45	久保　拓也	京都大学　准教授
46	芝田　学	㈱堀場製作所
47	矢部　邦章	㈱エイアンドティー
48	神崎　愷	神奈川工科大学　客員研究員
コラム	宗林　由樹	京都大学　教授

第VI章

49	吉武　優	旭硝子㈱
50	森　浩一	栗田工業㈱
	佐藤　重明	栗田工業㈱
51	寺田　一郎	旭硝子㈱
52	本橋　哲郎	栗田工業㈱
	佐藤　重明	栗田工業㈱
53	中山　将伸	名古屋工業大学　准教授
54	鈴木　紀明	ダウ・ケミカル日本㈱
55	鈴木　達也	長岡技術科学大学　教授
56	玉田　正男	(独)日本原子力研究開発機構
57	大井　健太	(独)産業技術総合研究所
コラム	八島　正知	東京工業大学　教授

第VII章

58	小松　優	金沢工業大学　教授
59	鈴木　淳史	横浜国立大学　教授
60	大嶋　俊一	金沢工業大学　講師
61	井川　学	神奈川大学　教授
62	高橋　博	秋田大学　准教授
	菊地　賢一	秋田大学　教授
63	大嶋　俊一	金沢工業大学　講師
64	大久保　彰	富田製薬㈱
65	大渡　啓介	佐賀大学　教授
	井上　勝利	佐賀大学　名誉教授
66	馬場　由成	宮崎大学　教授
コラム	小松　優	金沢工業大学　教授

執筆者一覧

第Ⅰ章

1	神崎　愷	神奈川工科大学　客員研究員
2	宮田　栄二	日本錬水㈱
3	小松　優	金沢工業大学　教授
4	藤永　薫	金沢工業大学　教授
5	斉藤　恭一	千葉大学　教授
6	斉藤　恭一	千葉大学　教授
7	比嘉　充	山口大学　教授
8	比嘉　充	山口大学　教授
9	三村　均	東北大学　教授
10	山田　裕久	(独)物質・材料研究機構
11	渡辺　雄二郎	金沢工業大学　講師
12	馮　旗	香川大学　教授
コラム	岡田　哲男	東京工業大学　教授

第Ⅱ章

13	川田　和彦	オルガノ㈱
14	自在丸　隆行	野村マイクロ・サイエンス㈱
15	野村　有宏	野村マイクロ・サイエンス㈱
16	松友　伸司	三浦工業㈱
17	有富　俊男	㈱アストム
18	井川　学	神奈川大学　教授
19	杉戸　善文	元・大日精化工業㈱
20	吉江　清敬	㈱アストム
コラム	山中　弘次	オルガノ㈱

第Ⅲ章

21	吉川　直人	(財)塩事業センター
22	八尾　英也	オルガノ㈱
23	片山　信太郎	㈱トクヤマデンタル
24	増田　悟	三菱化学㈱
25	中根　俊彦	㈱資生堂
26	白瀧　浩伸	旭化成メディカル㈱
27	中山　守雄	長崎大学　教授
28	鈴木　憲子	昭和薬科大学　助教
コラム	早下　隆士	上智大学　教授

第Ⅳ章

29	角　佳典	旭化成ケミカルズ㈱
30	角　佳典	旭化成ケミカルズ㈱
31	竹下　竜二	㈱アストム
32	原　孝佳	千葉大学　助教
	島津　省吾	千葉大学　教授
33	宮原　成佳	ランクセス㈱

今日からモノ知りシリーズ
トコトンやさしい
イオン交換の本

NDC 431.36

2013年6月24日　初版1刷発行

発行者　井水 治博
発行所　日刊工業新聞社
東京都中央区日本橋小網町14-1
(郵便番号103-8548)
電話　書籍編集部　03(5644)7490
販売・管理部　03(5644)7410
FAX　03(5644)7400
振替口座　00190-2-186076
URL　http://pub.nikkan.co.jp/
e-mail　info@media.nikkan.co.jp
印刷・製本　新日本印刷(株)

●DESIGN STAFF
AD――――――志岐滋行
表紙イラスト――――黒崎　玄
本文イラスト――――スミ　ヒトハ
ブック・デザイン――大山陽子
(志岐デザイン事務所)

●
落丁・乱丁本はお取り替えいたします。
2013 Printed in Japan
ISBN　978-4-526-07090-7　C3034

●編著者
岡田 哲男(おかだ　てつお)
東京工業大学　大学院理工学研究科　教授

早下 隆士(はやした　たかし)
上智大学　理工学部長
理工学部物質生命理工学科　教授